高等院校工程制图系列规划教材

工程制图课程测绘实训

李　明　编著

合肥工业大学出版社

内 容 提 要

本书内容包括工程制图课程测绘概述、零件的尺寸测量、测量实训任务书、典型零件测绘方法、装配件测绘综合举例、测绘报告书与答辩等。

本书列举了各种典型零件和齿轮油泵、减速器、机用虎钳、滑动轴承等常见装配件,并详细地介绍了这些零部件的测绘内容、测绘方法与步骤,还绘有零件草图、零件工作图和装配工作图图例。

本书为高等院校工程制图测绘实训课教材,也可作为工程技术人员和自学者的参考用书。

图书在版编目(CIP)数据

工程制图课程测绘实训/李明编著 . —合肥:合肥工业大学出版社,2008.1(2024.1重印)
ISBN 978 - 7 - 81093 - 569 - 2

Ⅰ. 工… Ⅱ. 李… Ⅲ. 工程制图—高等学校—教学参考资料 Ⅳ. TB23

中国版本图书馆 CIP 数据核字(2008)第 005476 号

工 程 制 图 课 程 测 绘 实 训

李 明 编著	责任编辑 汤礼广
出 版 合肥工业大学出版社	版 次 2008 年 1 月第 1 版
地 址 合肥市屯溪路 193 号	印 次 2024 年 1 月第 9 次印刷
邮 编 230009	开 本 710 毫米×1000 毫米 1/16
电 话 编校与质量管理部:0551 - 62903087	印 张 8
营销与储运管理中心:0551 - 62903198	字 数 150 千字
网 址 press. hfut. edu. cn	印 刷 安徽昶颉包装印务有限责任公司
E-mail hfutpress@163. com	发 行 全国新华书店

ISBN 978 - 7 - 81093 - 569 - 2 定价:25.00 元

如果有影响阅读的印装质量问题,请与出版社营销与储运管理中心联系调换。

前　　言

　　本教材为《高等院校工程制图系列规划教材》之一,是根据教育部关于高等学校工程制图课程基本要求并结合本课程实训的特点进行编写的。

　　工程制图课程是高等工科院校各专业学生必修的一门主干技术基础课,在其教学过程中实践环节必不可少,要求机械类、近机械类各专业学生在学完本课程之后,应集中 1～2 周的时间进行零部件测绘实践训练,使学生对工程制图课程的基本知识、投影原理和方法等得以在实践中综合运用,并对绘图的技能与技巧进行全面训练,以培养学生独立解决工程实际问题的能力。因此各个学校都十分重视机械零部件测绘的实训教学环节。目前传统的零部件测绘指导书内容简单,不能够满足机械零部件测绘课程实训指导和教学需要,编著者总结了长期从事工程制图和机械零部件测绘教学的经验,在其编写的《机械制图大型测绘作业指导书》的基础上编写了这本《工程制图课程测绘实训》教材,期望能对学习本课程的学生在进行测绘实训时起到指导作用,为教师教学提供参考。

　　本教材具有以下特点:

　　(1)内容全面,其中列举了一些典型零部件测绘示例,并按照零部件测绘过程、步骤的顺次编写,学生可以根据章节顺次学习并进行测绘实训。

　　(2)列举了一些典型零部件的测绘方法和常见装配件的测绘方法及装配结构画法,并绘有大量的图例以便学生在画图时学习和参考。

　　(3)采用最新的《技术制图》《机械制图》国家标准,测绘中所需的有关标准及技术要求的选用均可在附录中查阅。

　　本教材由安徽省工程图学学会常务理事和副秘书长、全国制图技术专业委员会委员李明编写。教材中全部插图均由编著者手绘或采用计算机绘制。

　　由于编著者水平有限,教材中若有不妥之处,敬请读者批评指正。

编著者

2008 年 1 月

目　　录

第一章　工程制图课程测绘概述 ……………………………………… (1)

　　第一节　测绘的目的和任务 ……………………………… (1)

　　第二节　测绘的内容与步骤 ……………………………… (2)

　　第三节　测绘实训课时安排 ……………………………… (3)

　　第四节　测绘前的准备工作 ……………………………… (4)

第二章　零件的尺寸测量 ……………………………………………… (5)

　　第一节　尺寸测量注意事项 ……………………………… (5)

　　第二节　测量工具与测量方法 …………………………… (6)

第三章　测绘实训任务书 …………………………………………… (12)

　　第一节　齿轮油泵测绘任务书 …………………………… (13)

　　第二节　减速器测绘任务书 ……………………………… (14)

　　第三节　机用虎钳测绘任务书 …………………………… (15)

　　第四节　滑动轴承测绘任务书 …………………………… (16)

第四章　典型零件测绘方法 ………………………………………… (17)

　　第一节　轴套类零件测绘 ………………………………… (17)

　　第二节　盘盖类零件测绘 ………………………………… (22)

　　第三节　叉架类零件测绘 ………………………………… (25)

　　第四节　箱体类零件测绘 ………………………………… (27)

第五章　装配件测绘综合举例 ……………………………………… (32)

　　第一节　齿轮油泵测绘 …………………………………… (32)

第二节　减速器测绘 ································· (49)

第三节　机用虎钳测绘 ······························· (68)

第四节　滑动轴承测绘 ······························· (81)

第六章　测绘报告书与答辩 ····························· (95)

第一节　测绘报告书 ································· (95)

第二节　答辩 ······································· (96)

附　录 ··· (99)

附表1　标准公差数值 ······························· (99)

附表2　轴的基本偏差数值 ·························· (100)

附表3　孔的基本偏差数值 ·························· (102)

附表4　优先配合中轴的极限偏差 ·················· (104)

附表5　优先配合中孔的极限偏差 ·················· (105)

附表6　公差等级的应用 ···························· (106)

附表7　公差等级的应用举例 ······················ (106)

附表8　各种基本偏差的应用 ······················ (109)

附表9　优先配合选用说明 ·························· (110)

附表10　表面粗糙度的表面特征、加工方法及应用 ······ (111)

附表11　铸铁的种类、牌号和应用 ·················· (112)

附表12　碳素结构钢的种类、牌号和应用 ············ (113)

附表13　合金结构钢的种类、牌号和应用 ············ (115)

附表14　铸造铜合金钢、铸造铝合金钢和铸造轴承合金钢的种类、牌号及应用 ······························ (117)

附表15　橡胶性能及应用 ···························· (118)

附表16　工程塑料性能及应用 ······················ (118)

附表17　热处理名词解释 ···························· (119)

参考文献 ··· (121)

第一章　工程制图课程测绘概述

第一节　测绘的目的和任务

一、测绘的目的

测绘就是对现有的机器或部件进行实物拆卸与分析,并选择合适的表达方案,绘制出全部零件的草图和装配示意图,然后根据装配示意图和零部件实际装配关系,对测得的尺寸和数据进行圆整与标准化,确定零件的材料和技术要求,最后根据零件草图绘制出装配工作图和零件工作图的整个过程。零部件测绘对现有机器设备的改造、维修、仿制和技术的引进、革新等方面有着重要的意义,是工程技术人员应掌握的基本技能。

测绘实训是一门在学完机工程全部课程后集中一段时间专门进行零部件测绘的实训课程。主要目的是让学生把已经学习到的工程制图知识全面地、综合性地运用到零部件测绘实践中去,从而进一步掌握所学工程制图知识,培养学生的零部件测绘工作能力和设计制图能力,并为后续的专业技术课程和专业课程开设的“课程设计”和“专业毕业设计”等科目的学习做好准备工作,有助于学生对后续课程的学习和理解。

测绘实训是工科院校机械类、近机械类各专业学习工程制图重要的实践训练环节,由于是理论与实践相结合,因此它是在实践中培养解决工程实际问题能力的最好方法。

二、测绘的任务

(1)培养学生综合运用工程制图理论知识去分析和解决工程实际问题的能力,并进一步巩固、深化、扩展所学到的工程制图理论知识。

(2)通过对零部件测绘实践训练,使学生初步了解部件测绘的内容、方法和步骤,正确使用工具拆卸机器部件,正确使用测绘工具测量零件尺寸,训练学生徒手绘制零件草图和使用尺规、计算机绘制装配图以及零件工作图的技能。

（3）使学生在设计制图、查阅标准手册、识读机械图样、使用经验数据等方面的能力得到全面的提高。

（4）完成测绘实训所规定的零件草图、装配图、零件工作图的绘制工作任务，提高识图、绘图的技能与技巧。

第二节　测绘的内容与步骤

测绘的内容与步骤一般按以下几个方面进行：

1. 做好测绘前的准备工作

全面细致地了解测绘零部件的用途、工作性能、工作原理、结构特点以及装配关系等，了解测绘内容和任务，做好人员组织分工，准备好有关参考资料、拆卸工具、测量工具和绘图工具等。

2. 拆卸部件

分析了解零部件后，要进行零部件拆卸。拆卸过程一般按零件组装的反顺序逐个拆卸，所以在拆卸之前要弄清零件组装次序、部件的工作原理、结构形状和装配关系，对拆下的零件要进行登记、分类、编号，弄清各零件的名称、作用、结构特点等。

3. 绘制装配示意图

采用简单的线条和图例符号绘制出部件大致轮廓的装配图样称装配示意图。它主要表达各零件之间的相对位置、装配与连接关系、传动路线及工作原理等内容，是绘制装配工作图的重要依据。

4. 绘制零件草图

根据拆卸的零件，按照大致比例，用目测的方法徒手画出具有完整零件图内容的图样称零件草图。零件草图应采用坐标纸（方格纸）绘制，也可采用一般图纸绘制。标准件可不需画草图。

5. 测量零件尺寸

对拆卸后的零件进行测量，将测得的尺寸和相关数据标注在零件草图上。要注意零件之间的配合尺寸、关联尺寸应一致。工艺结构尺寸、标准结构尺寸以及极限配合尺寸要根据所测的尺寸进行圆整，或查表和参考有关零件图样资料，使所测尺寸标准化、规格化。

6. 绘制装配图

根据装配示意图和零件草图绘制装配图，这是部件测绘主要任务。装配图不仅要表达出部件的工作原理、装配关系、配合尺寸、主要零件的结构形状及相互位置关系和技术要求等,还是检查零件草图中的零件结构是否合理,尺寸是否准确的依据。

　　7. 绘制零件工作图

　　根据零件草图并结合有关零部件的图纸资料,用尺规或计算机绘制出零件工作图。

　　8. 测绘总结与答辩

　　对在零部件测绘过程中所学到的测绘知识与技能以及学习体会与收获用书面的形式写出总结报告材料,并参加答辩。

第三节　测绘实训学时安排

一、总学时

　　按照工程制图课程教学实践环节的基本要求,部件测绘学时应根据所学专业的要求和测绘部件零件的数量及复杂程度,集中安排1~2周时间。

二、测绘内容及学时分配表

表1-1　测绘内容及学时分配表

序　号	测绘内容	学时分配	
		两周测绘	一周测绘
1	组织分工、讲课	1.5 天	0.5 天
2	拆卸部件,绘制装配示意图	0.5 天	0.5 天
3	绘制零件草图,测量尺寸	2 天	1.5 天
4	绘制装配图	1.5 天	1 天
5	绘制零件工作图	1.5 天	1 天
6	审查校核	0.5 天	0.5 天
7	写测绘报告书	0.5 天	
8	答辩	1 天	另安排时间
9	机动	1 天	

　　注意事项:如要求用计算机绘制零件工作图和装配图,学时可适当增加或另外安排。

第四节　测绘前的准备工作

一、测绘的组织分工

测绘一般以班级进行,针对测绘的零部件数量和复杂程度,需集中安排1～2周或更长的时间,并要有组织有秩序地进行。每个班级可分成几个测绘小组,各选出一名负责人组织本小组工作,讨论制定零部件视图表达方案,掌握测绘工作进程,保管好零部件和测绘工具,解决测绘中遇到的问题,并及时向指导教师汇报情况。

二、测绘教室

测绘教室应是一个安静宽敞、光线较好的场所,便于对学生集中管理。部件测绘教室应设有测绘桌或工作台、坐凳、储物柜等,储物柜里可放置测绘模型、拆卸工具、绘图工具、测量工具以及其他用品,做到取用和保管方便。

三、测绘工具

测绘常用的工具有以下几种:

(1)拆卸工具　如板手、螺丝刀、老虎钳和锤子等。

(2)测量工具　如钢直尺、内卡外卡钳、游标卡尺、千分尺、量具量规等。

(3)绘图工具及用品　如图板、丁字尺、绘图仪器、三角尺等其他绘图工具以及画草图的方格纸、铅笔、橡皮等其他用品。

(4)其他工具　若部件较重,需配备小型起吊设备;为便于部件拆装,还需用加热设备、清洗和润滑剂等。

四、测绘的资料

根据测绘零部件的类型,准备好相应的资料,如国家标准图册和手册、产品说明书、零部件的原始图纸及有关参考资料,或者通过计算机网络查询和收集测绘对象的资料与信息等。

第二章 零件的尺寸测量

第一节 尺寸测量注意事项

零件尺寸的测量是机器部件测绘中的一项重要内容。采用正确的测量方法可以减少测量误差,提高测绘效率,保证测得尺寸的精确度。测量方法与测绘工具有关,因此需要了解常用的测绘工具,掌握其正确的使用方法和测量技术。

常用的测量工具有钢直尺、外卡钳、内卡钳、游标卡尺、千分尺、螺纹规等。

测量尺寸时必须注意以下几点:

(1) 根据零件尺寸所需的精确程度,要选用相应的测量工具测量。如一般精度尺寸可直接采用钢直尺或外卡钳、内卡钳测量读出数值,而精度较高的尺寸则需要游标卡尺或千分尺测量。

(2) 有配合关系的尺寸,如孔与轴的配合尺寸,一般要用游标卡尺先测出直径尺寸(通常测量轴比较容易),再根据测得的直径尺寸查阅有关手册确定标准的基本尺寸或公称直径。

(3) 没有配合关系的尺寸或不重要的尺寸,可将测得的尺寸作圆整(调整到整数)。

(4) 对于螺纹、键与销、齿轮等标准零件尺寸,应根据测得的尺寸再查表与标准值核对,取相近似的标准尺寸。

第二节　测量工具与测量方法

一、线性尺寸的测量

1. 钢直尺测量

钢直尺是用不锈钢薄板制成的一种刻度尺,尺面上刻有公制的刻度,最小单位为1mm,部分直尺最小单位为0.5mm。钢直尺可以直接测量线性尺寸,但误差比较大,因此常用来测量一般精度的尺寸。钢直尺的测量方法见图2-1所示。

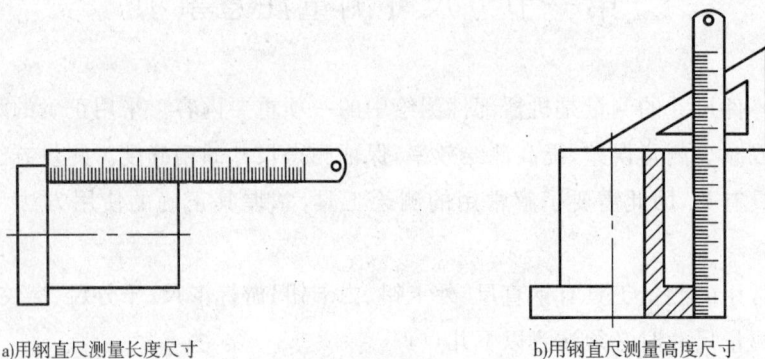

a)用钢直尺测量长度尺寸　　　　　　b)用钢直尺测量高度尺寸

图2-1　用钢直尺测量尺寸

2. 游标卡尺测量

游标卡尺是一种测量精度较高的量具,可以测得毫米的小数值,除测量长度尺寸外,还常用来测量内径、外径,带有深度尺的游标卡尺还可以测量孔和槽的深度及台阶高度尺寸。游标卡尺测量方法见图2-2所示。

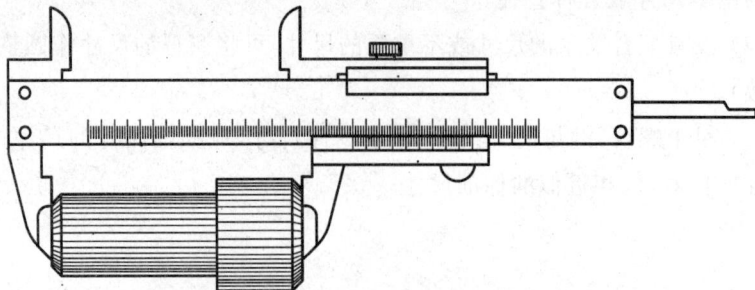

图2-2　用游标卡尺测量长度尺寸

　　游标卡尺的读数精度有 0.02mm、0.05mm、0.10mm 三个等级,以精度为 0.02mm 等级为例,刻度和读数方法如图 2-3a 所示,主尺上每小格 1mm,每大格 10mm,副尺上每小格 0.98mm,共 50 格,主、副尺每格之差=1-0.98=0.02mm。

　　读数值时,先在主尺上读出副尺零线左面所对应的尺寸整数值部分,再找出副尺上与主尺刻度对准的那一根刻线,读出副尺的刻线数值,乘以精度值,所得的乘积即为小数值部分,整数与小数之和就是被测零件的尺寸。如图 2-3b 所示,起读数为:74+18×0.02=74.36mm。

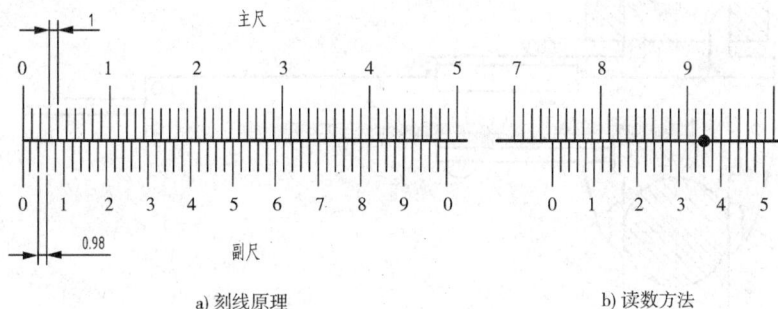

a) 刻线原理　　　　　　　　　　　　　　　b) 读数方法

图 2-3　游标卡尺的刻度原理和读数方法

二、直径尺寸的测量

1. 卡钳测量直径

　　卡钳是间接测量工具,必须与钢直尺或其他带有刻数的量具配合使用读出尺寸。卡钳有内卡钳和外卡钳两种。内卡钳用来测量内径,外卡钳用来测量外径,由于测量误差较大,常用它们来测量一般精度的直径尺寸。测量方法见图 2-4 所示。

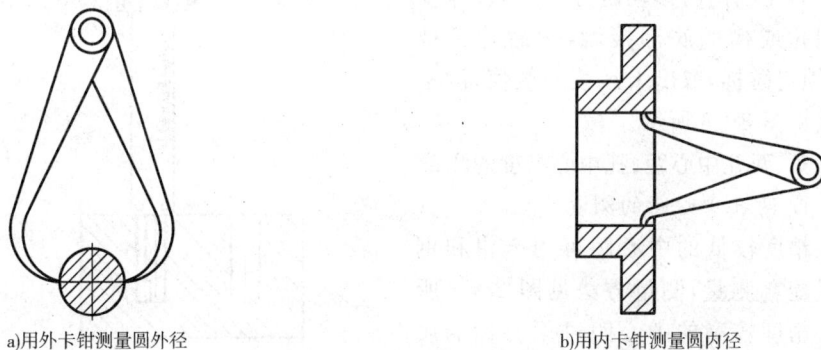

a)用外卡钳测量圆外径　　　　　　　　　　b)用内卡钳测量圆内径

图 2-4　用卡钳测量直径尺寸

2. 游标卡尺测量直经

游标卡尺有上下两对卡脚,上卡脚称内测量爪,用来测量内径,下卡脚称外测量爪,用来测量外径,测得的直径尺寸可以在游标卡尺上直接读出,读数方法见图2-3所示。测量方法见图2-5所示。

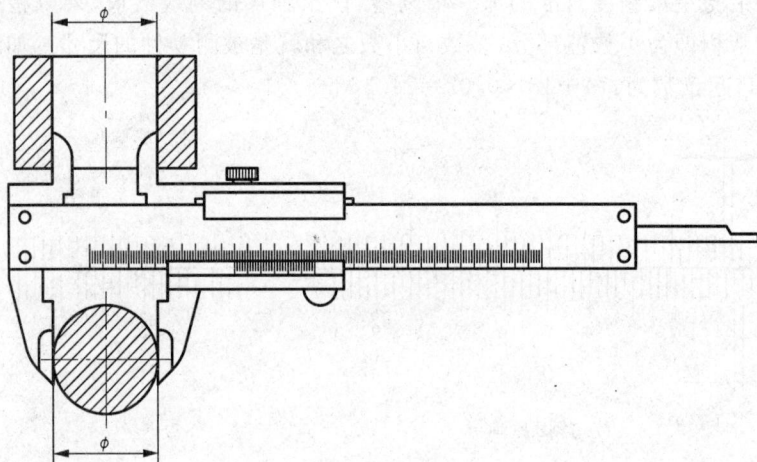

图2-5　用游标卡尺测量直径尺寸

带有深度尺的游标卡尺还可以测量孔和槽的深度及孔内台阶高度尺寸,其尺身固定在游标卡尺的背面,可随主尺背面的导槽移动。测量深度时,把主尺端面紧靠在被测工件的表面上,再向工件的孔或槽内移动游标尺身,使深度尺同孔或槽的底部接触,然后拧紧螺钉,锁定游标,取出卡尺读取数值,测量方法见图2-6所示。

三、两孔中心距、孔中心高度的测量

1. 两孔中心距的测量

精度较低的中心距可用卡钳和钢直尺配合测量,测量方法见图2-7所示。精度较高的中心距可用游标卡尺测量,测量方法见图2-8所示。

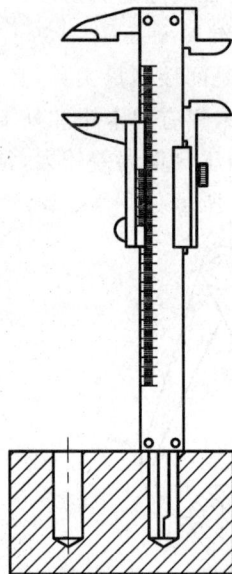

图2-6　用游标卡尺深度尺测量孔深

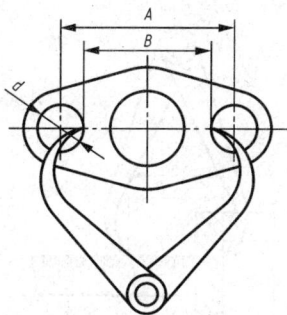

孔中心距 A=B+d

图 2-7 用卡钳和钢直尺测量中心距

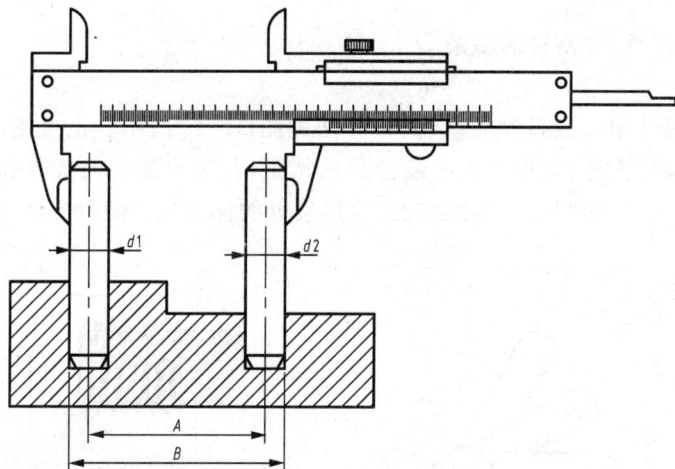

孔中心距 A=B-(d1+d2)/2

图 2-8 用游标卡尺测量中心距

2. 孔中心高度的测量

孔的中心高度可用卡钳和钢直尺或者用游标卡尺测量,图 2-9 所示为用卡钳和钢直尺测量孔的中心高度的方法,游标卡尺也可采用这种办法测量。

四、壁厚的测量

零件的壁厚可用钢直尺或者卡钳和钢直尺配合测量,也可用游标卡尺和量块配合测量,测量方法见图 2-10 所示。

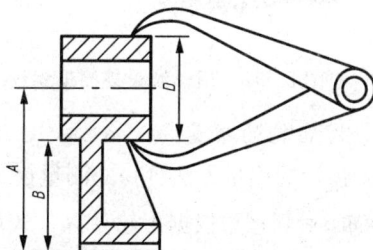

孔中心高 A=B+D/2

图 2-9 用卡钳和钢直尺
测量孔的中心高

a)   b)   c)

壁厚 X=A-B   壁厚 X=A-B

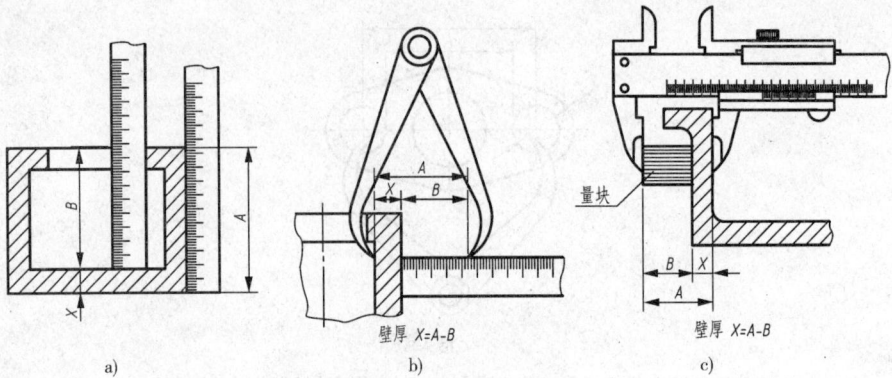

图 2-10　测量零件壁厚

五、标准件、常用件的测量

1. 螺纹的测量

螺纹可使用螺纹量规测量,测量方法见图 2-11 所示。也可用游标卡尺先测量出螺纹大径,再用薄纸压痕法测出螺距,判断出螺纹的线数和旋向后,根据牙型、大径、螺距查标准螺纹表,取最接近的标准值。测量方法见图 2-12 所示。

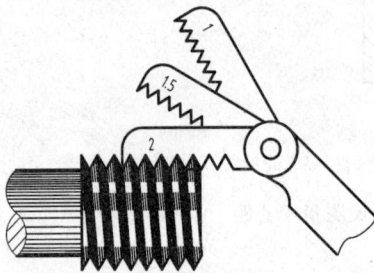

图 2-11　用螺纹量规测量螺纹   图 2-12　用压痕法测量螺距

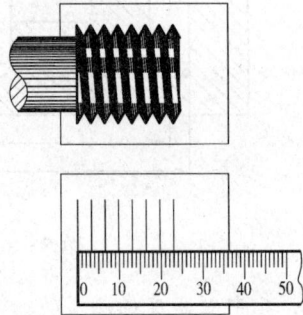

2. 齿轮的测量

齿轮的测量方法:(1)先测量齿顶圆直径(d_a),如 $d_a=59.5$;(2)数出齿轮齿数,如 $z=16$;(3)根据齿轮计算公式计算出模数,如 $m=d_a/z+2=59.5/16+2=3.3$;(4)修正模数,因为模数是标准值,需要查标准模数表取最接近的标准值,根据计算出的模数值 3.3,查表取得最接近的标准值 3.5;(5)根据齿轮计算公式计算出齿轮各部分尺寸。齿顶圆 d_a、齿根圆 d_f、分度圆 d 的计算公式如下:$d_a=$

$m(z+2)$；$d_f=m(z-2.5)$；$d=mz$。尺
寸测量方法见图 2-13 所示。

六、曲面、曲线和圆角的测量

1. 用拓印法测量曲面

具有圆弧连接性质的曲面曲线
可采用拓印法，先将零件被测部位的
端面涂上红泥，再放在白纸上拓印出
其轮廓，然后分析圆弧连接情况，测
量半径，找出圆心后按几何作图的方
法画出轮廓曲线。见图 2-14 所示。

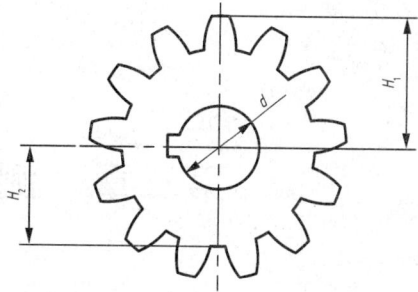

图 2-13　齿轮齿顶圆、齿根圆测量方法

2. 用坐标法测量曲线

将被测表面上的曲线部分平行放在纸上，先用铅笔描画出曲线轮廓，在曲
线轮廓上确定一系列均等的点，然后逐个求出曲线上各点的坐标值，再根据点
的坐标值确定各点的位置，最后按点的顺序用曲线板画出被测表面轮廓曲线。
见图 2-15 所示。

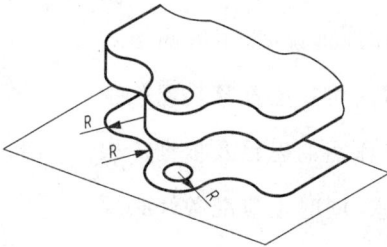

图 2-14　用拓印法测量曲面

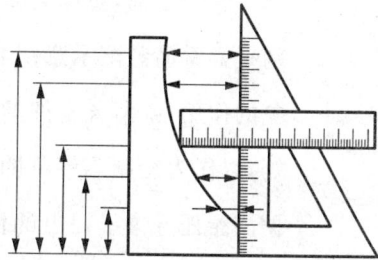

图 2-15　用坐标法测量曲面

3. 用圆角规测量圆弧半径

零件上的圆角可采用圆角规测量圆弧半径，见图 2-16 所示。

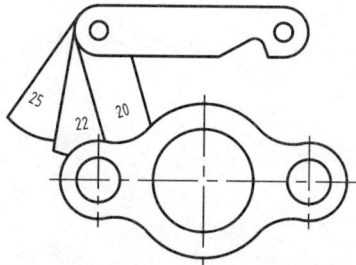

图 2-16　用圆角规测量圆弧半径

第三章 测绘实训任务书

为了明确测绘目的和任务,机械制图测绘实训要下达任务书,在任务书里应提出测绘题目、测绘内容、图形比例和图幅大小及其他要求,并绘有部件装配示意图和工作原理说明以及测绘总学时、测绘人姓名、班级、指导教师等内容。

测绘之前,要认真阅读任务书里提出的内容和要求,特别是要看懂装配示意图和部件工作原理说明,了解测绘对象的作用,弄清各零件的名称、数量、相互位置及装配关系等,以作为绘制零件草图和装配工作图的思路及依据。根据测绘任务书里提出的任务和要求,同时也应准备好必要的参考资料。

下面列出了一些常见零部件测绘任务书的格式,供大家参考。

第一节　齿轮油泵测绘任务书

齿轮油泵测绘任务书

学年/学期　　　　　　　专业班级　　　　　　　姓名

测绘题目：齿轮油泵装配图

装配示意图：

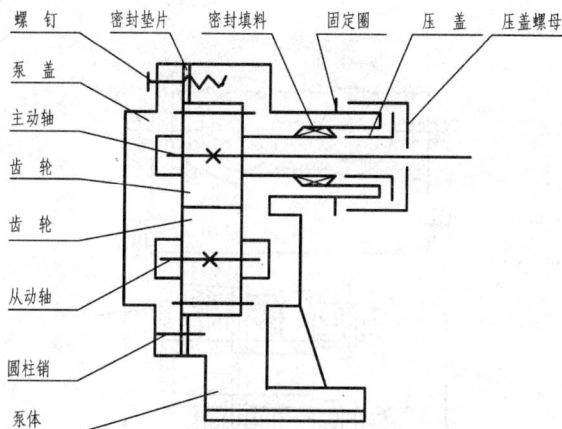

工作原理：齿轮油泵是一种为机器提供润滑油的部件。当电动机带动主动齿轮轴转动时，主动齿轮轴带动从动齿轮轴转动，油液通过齿轮进油孔吸入，再经过两齿轮的挤压产生压力油，最后通过出油孔流出。

测绘内容：(1)齿轮油泵装配图1张(2号图纸)；

(2)齿轮油泵各零件草图(标准件不画，3号或4号图纸)；

(3)齿轮油泵各零件工作图(3号或4号图纸)；

(4)齿轮油泵测绘任务书、测绘报告书各1份。

测绘学时：2周(停课)。

完成日期：

指导教师(签名)：

第二节　减速器测绘任务书

减速器测绘任务书

学年/学期　　　　　　专业班级　　　　　　姓名

测 绘 题 目: 减速器装配图

装配示意图:

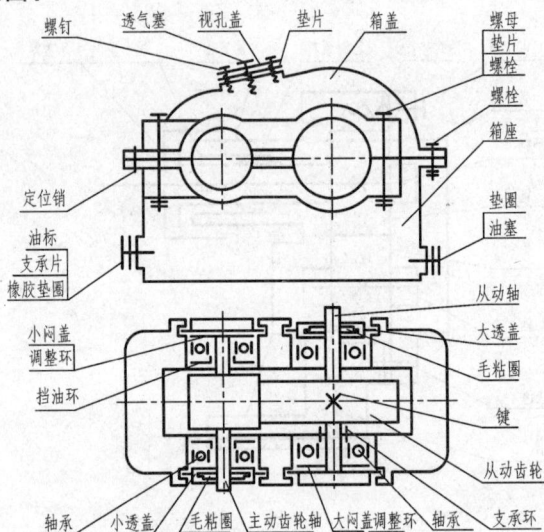

工 作 原 理: 齿轮减速器是一种以降低转速为目的的部件。当电动机带动主动齿轮轴转动时(小齿轮),主动齿轮轴带动从动齿轮轴转动(大齿轮),通过两齿轮的齿数比来实现减速的目的。

测 绘 内 容: (1)减速器装配图1张(2号图纸);

(2)减速器各零件草图(标准件不画,3号或4号图纸);

(3)减速器各零件工作图(3号或4号图纸);

(4)减速器测绘任务书、测绘报告书各1份。

测 绘 学 时: 2周(停课)。

　　　　　　　　　　　　　　　　　　　　完成日期:

　　　　　　　　　　　　　　　　　　　　指导教师(签名):

第三节　机用虎钳测绘任务书

机用虎钳测绘任务书

学年/学期　　　　　专业班级　　　　　姓名

测 绘 题 目：机用虎钳装配图

装配示意图：

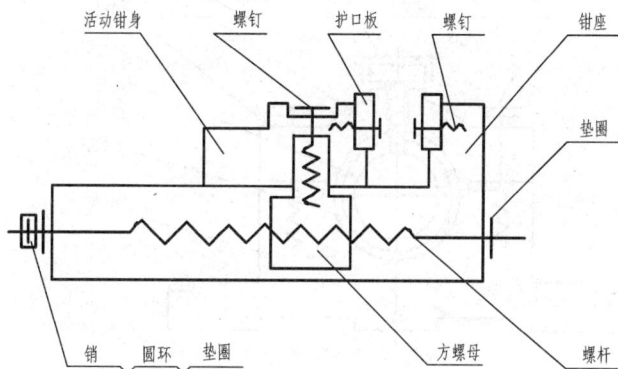

活动钳身　螺钉　护口板　螺钉　钳座　垫圈　销　圈环　垫圈　方螺母　螺杆

工 作 原 理：机用虎钳是装在工作台上，用来夹紧零件，以便进行加工的一种夹具。当转动机用虎钳手柄时，带动螺杆转动，螺杆带动方螺母沿轴向移动，由于方螺母固定在活动钳身上，带动活动钳身沿着钳座作轴向往复运动，使钳口开放或闭合，达到夹紧或松开零件的目的。

测 绘 内 容：(1)机用虎钳装配图1张(2号图纸)；

　　　　　　(2)机用虎钳各零件草图(标准件不画，3号或4号图纸)；

　　　　　　(3)机用虎钳各零件工作图(3号或4号图纸)；

　　　　　　(4)机用虎钳测绘任务书、测绘报告书各1份。

测 绘 学 时：1周(停课)。

完成日期：

指导教师(签名)：

第四节　滑动轴承测绘任务书

滑动轴承测绘任务书

学年/学期　　　　　专业班级　　　　　姓名

测 绘 题 目：滑动轴承装配图

装配示意图：

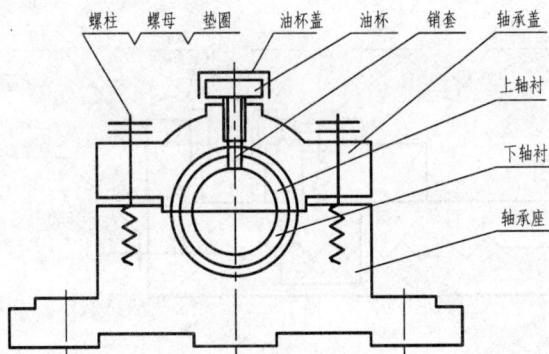

工 作 原 理：滑动轴承是支承轴的一个部件，它的主体部分是轴承座、轴承盖和轴衬。为减少轴在轴承孔内转动的摩擦阻力，在轴承座与轴承盖之间装有铜合金轴衬，并通过轴承盖上安装的油杯注入润滑油，以便减少轴、孔之间的摩擦力。轴衬由上下两半组成，中间开有油槽。轴承座和轴承盖用一对螺栓联接在一起。为了调整轴衬与轴配合的松紧，轴承座与轴承盖之间留有一定的间隙。

测 绘 内 容：(1)滑动轴承装配图 1 张(2 号图纸)；

(2)零件草图(标准件不画，3 号或 4 号图纸)；

(3)零件工作图(3 号或 4 号图纸)；

(4)测绘任务书、测绘报告书各 1 份。

测 绘 学 时：1 周(停课)。

完成日期：

指导教师(签名)：

第四章　典型零件测绘方法

虽然零件的形状结构多种多样,加工方法各不相同,但零件之间有许多共同之处。根据零件的作用、主要结构形状以及在视图表达方法上有着共同的特点和具有一定的规律性,我们以此将零件分为轴套类零件、盘盖类零件、叉架类零件和具有箱体类零件共四大类,这些零件我们常称为典型零件。本章将重点介绍这些典型零件的作用和结构分析、视图表达方法的选择、零件测绘方法和步骤、零件的材料和技术要求选择等内容。

第一节　轴套类零件测绘

一、轴套类零件的作用

轴类零件是组成机器部件的重要零件之一,它的主要作用是安装、支承回转零件如齿轮、皮带轮等,并传递动力,同时又通过轴承与机器的机架连接起到定位作用。套类零件主要作用是定位、支承、导向和传递动力。

二、轴套类零件的结构

轴类零件的基本形状是同轴回转体,通常由圆柱体、圆锥体、内孔等组成,在轴上常加工有键槽、销孔、油孔、螺纹等标准结构。为方便加工和安装,有退刀槽、倒角与倒圆、中心孔等工艺结构,如图4-1所示。套类零件通常是长圆筒状,内孔和外表面常加工有越程槽、油孔、键槽等结构,端面有倒角。

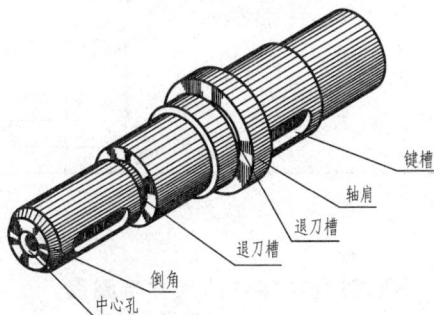

图4-1　轴及其结构

三、轴套类零件的视图选择

轴套类零件主要是在车床和磨床上加工,装夹时将轴的轴线水平放置,因此轴套类零件常按工作位置或加工位置安放,即把轴线放成水平位置来选择主视图的投影方向。常采用断面图、局部剖视图、局部放大图来表达轴套零件上的键槽、内孔、退刀槽等局部结构。图4-2所示为轴的零件图。

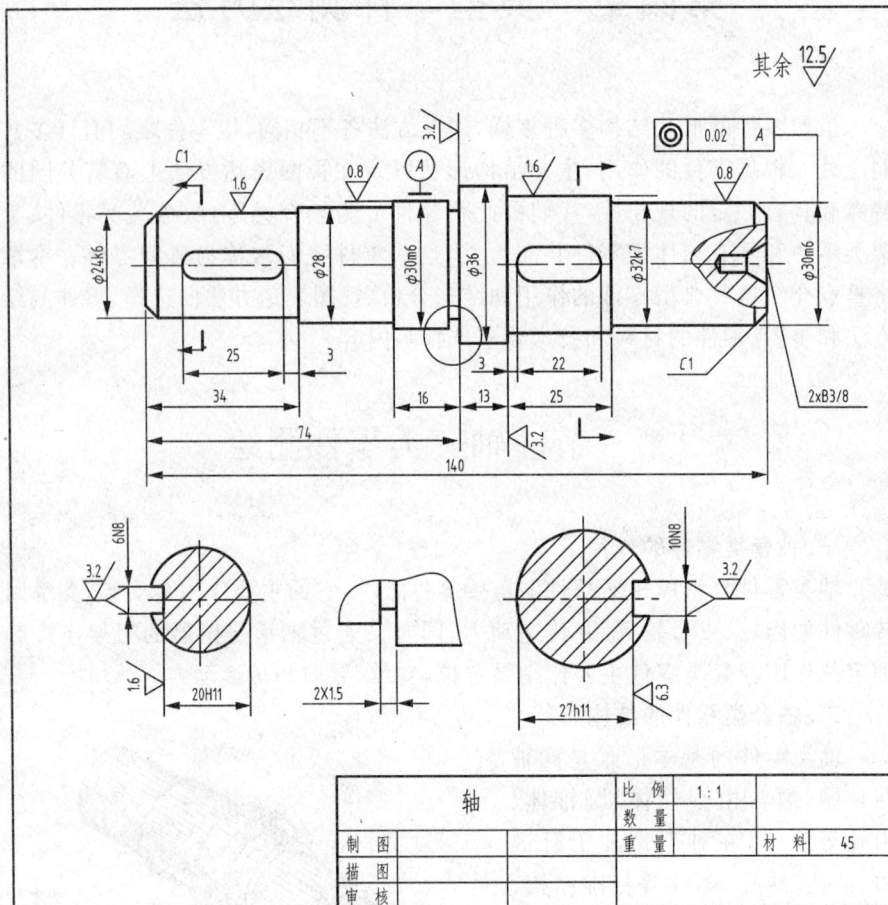

图4-2 轴零件图

四、轴套类零件的尺寸与测量

1. 轴向尺寸与径向尺寸的测量

轴套类零件的尺寸主要有轴向尺寸和径向尺寸两类(即轴的长度尺寸和

直径尺寸)。重要的轴向尺寸要以轴的安装端面(轴肩端面)为主要尺寸基准,其他尺寸可以以轴的两头端面作为辅助尺寸基准。径向尺寸(即轴的直径尺寸)是以轴的中轴线为主要尺寸基准。

轴的轴向尺寸一般为非功能尺寸,可用钢直尺、游标卡尺直接测量各段的长度和总长度,然后圆整成整数。轴套类零件的总长度尺寸应直接度量出数值,不可用各段轴的长度累加计算。

轴的径向尺寸多为配合尺寸,先用游标卡尺或千分尺测量出各段轴径后,根据配合类型、表面粗糙度等级查阅轴或孔的极限偏差表对照选择相对应的轴的基本尺寸和极限偏差值。

2. 标准结构尺寸测量

轴套上的螺纹主要起定位和锁紧作用;一般以普通三角形螺纹较多。普通螺纹的大径和螺距可用螺纹量规直接测量,测量方法参见图 2-10 所示;也可以采用综合测量法测量出大径和螺距,然后查阅标准螺纹表选用接近的标准螺纹公称直径和其他尺寸。

键槽尺寸主要有槽宽 b、槽深 t 和长度 L 三种,从键槽的外形就可以判断键的类型。根据测量所得出的 b、t、L 值,结合键槽所在轴段的基本直径尺寸,就可查表找得键的类型和键槽的标准尺寸。

例如,测得圆头普通平键槽宽度为 9.96,槽深为 5.5,长度为 36.5,查阅键与键槽国家标准,与其最接近的标准尺寸是 $b=10$,$t=5$,$L=36$,与其配合的圆头普通平键标准尺寸为 $10\times8\times36$。

销的作用是定位,常用的销有圆柱销和圆锥销。先用游标卡尺或千分尺测出销的直径和长度(圆锥销测量小头直径),然后根据销的类型查表确定销的公称直径和销的长度。

3. 工艺结构尺寸的测量

轴套零件上常见的工艺结构有退刀槽、倒角和倒圆、中心孔等,先测得这些结构的尺寸,然后查阅有关工艺结构的画法与尺寸标注方法,按照工艺结构标注方法统一标注,如常见倒角标注为 C1(C 代表 45°倒角),退刀槽尺寸标注为 2×1(2 表示槽宽尺寸,1 表示较低的轴肩高度尺寸)。

五、轴套类零件的技术要求

1. 尺寸公差的选择

轴与其他零件有配合要求的尺寸,应标注尺寸公差,根据轴的使用要求参考同类型的零件图,用类比法确定极限尺寸。主要配合轴的直径尺寸公差等级一般为 IT5～IT9 级,相对运动的或经常拆卸的配合尺寸其公差等级要高一些,相对静止的配合其公差等级相应要低一些。如轴与轴承配合尺寸其公差带可选为 f6,与皮带轮的配合尺寸公差带选为 k7,与齿轮配合尺寸其公差带也可选 k7。

对于阶梯轴的各段长度尺寸可按使用要求给定尺寸公差,或者按装配尺寸链要求分配公差。

套类零件的外圆表面通常是支承表面,常用过盈配合或过渡配合与机架上的孔配合,外径公差一般为 IT6～IT7 级。如果外径尺寸不作配合要求,可直接标注直径尺寸。套类零件的孔径尺寸公差一般为 IT7～IT9 级(为便于加工,通常孔的尺寸公差要比轴的尺寸公差低一等级),精密轴套孔尺寸公差为 IT6 级。

轴套类零件的公差等级和基本偏差的应用可参考附录表 6、附录表 7、附录表 8。

2. 形状公差的选择

轴类零件通常是用轴承支承在两段轴颈上,这两个轴颈是装配基准,其几何精度(圆度、圆柱度)应有形状公差要求。对精度要求一般的轴颈,其几何形状公差应限制在直径公差范围内,即按包容要求在直径公差后标注。如轴颈要求较高,则可直接标注其允许的公差值,并根据轴承的精度选择公差等级,一般为 IT6～IT7 级。轴颈处的端面圆跳动一般选择 IT7 级,对轴上键槽两工作面应标注对称度,轴的形状公差可参考表 4-1 选择。

套类零件有配合要求的外表面其圆度公差应控制在外径尺寸公差范围内,精密轴套孔的圆度公差一般为尺寸公差的 1/2～1/3,对较长的套筒零件,除圆度要求之外,还应标注圆孔轴线的直线度公差。

表 4-1　轴的形状公差项目参考

内　容	项　目	符　号	对工作性能的影响
形状公差	与传动零件、轴承配合直径的圆度	○	影响传动零件、轴承与轴配合的松紧及对中性
	与传动零件、轴承配合直径的圆柱度	⌀	

3. 位置公差的选择

轴类零件的配合轴径相对于支承轴径的同轴度是相互位置精度的普遍要求,常用径向圆跳动来表示,以便测量。一般配合精度的轴径,其支承轴径的径向圆跳动一般为 0.01～0.03mm,高精度的轴为 0.001～0.005mm,此外,还应标注轴向定位端面与轴线的垂直度。轴的位置公差可参考表 4-2 选择。

表 4-2　轴的位置公差项目参考

内　容	项　目	符　号	对工作性能的影响
位置公差	与传动零件、轴承配合直径相对于轴心线的径向圆跳动或全跳动	⌭	导致传动件、轴承的运动偏心
	齿轮、轴承的定位端面相对于轴心线端面圆跳动或全跳动	⌭	影响齿轮、轴承的定位及受载的均匀性
	键槽对轴心线的对称度	⌯	影响键受载的均匀性及键的拆卸

套类零件内、外圆的同轴度要根据加工方法不同选择精度高低,如果套类零件的孔是将轴套装入机座后进行加工的,套的内、外圆的同轴度要求较低,若是在装配前加工完成的,则套的内孔对套的外圆的同轴度要求较低,一般为 $\phi0.01\text{mm}\sim\phi0.05\text{mm}$。

4. 表面粗糙度的选择

轴类零件都是机械加工表面,在一般情况下,轴的支承轴颈表面粗糙度等级较高,常选择 $R_a0.8\sim R_a3.2$,其他配合轴径的表面粗糙度为 $R_a3.2\sim R_a6.3$,非配合表面粗糙度则选择 $R_a12.5$。

套类零件有配合要求的外表面粗糙度可选择 $R_a0.8\sim R_a1.6$。孔的表面粗糙度一般为 $R_a0.8\sim R_a3.2$,要求较高的精密套可达 $R_a0.1$;轴套类零件表面粗糙度的特征和加工方法可参看附录表 10,R_a 参数值参考表 4-3 选择。

表 4-3　轴的机加工表面粗糙度参数值参考表

加 工 表 面	粗 糙 度 R_a 值
与传动件、联轴器等零件的配合表面	0.4～1.6
与普通精度等级的滚动轴承配合表面	0.8,1.6
与传动件、联轴器等零件接触的轴肩端面	1.6,3.2
与滚动轴承配合的轴肩端面	0.8,1.6
普通平键键槽	3.2,1.6(工作面),6.3(非工作面)
其他表面	6.3,3.2(工作面),12.5,25(非工作面)

5. 材料与热处理的选择

轴类零件材料的选择与工作条件和使用要求不同有关，所选择的热处理方法也不同。轴的材料常采用合金钢制造，如 35 号、45 号合金钢，常采用调质；正火、淬火等热处理方法，以获得一定的强度、韧性和耐磨性。

套类零件常采用退火、正火、调质和表面淬火等热处理方法。轴套类零件的材料和热处理方法可参考附录表 13、附录表 17。

第二节　盘盖类零件测绘

一、盘盖类零件的作用

盘盖类零件是机器、部件上的常见零件。盘类零件的主要作用是连接、支承、轴向定位和传递动力等，如齿轮、皮带轮、阀门手轮等；盖类零件的主要作用是定位、支承和密封等，如电机、水泵、减速器的端盖等。

二、盘盖类零件的结构

盘盖类零件的主体结构一般由同一轴线多个扁平的圆柱体组成，直径明显大于轴或轴孔，形似圆盘状。为加强结构连接的强度，常有肋板、轮辐等连接结构，为便于安装紧固，沿圆周均匀分布有螺栓孔或螺纹孔，此外还有销孔、键槽等标准结构，如图 4-3 所示为端盖及其结构图。

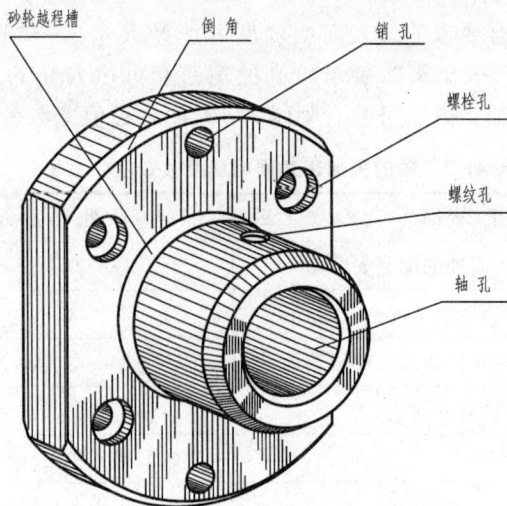

图 4-3　端盖及其结构

三、盘盖类零件的视图选择

盘盖类零件加工以车削为主,一般按工作位置或加工位置放置,将轴线以水平方向放置投影来选择主视图,根据结构形状及位置再选用一个左视图(或右视图)来表达盘盖零件的外形和安装孔的分布情况。主视图常采用全剖视来表达内部结构,有肋板、轮辐结构的可采用断面图来表达其断面形状,细小结构可采用局部放大图表达,如图4-4所示为端盖零件图。

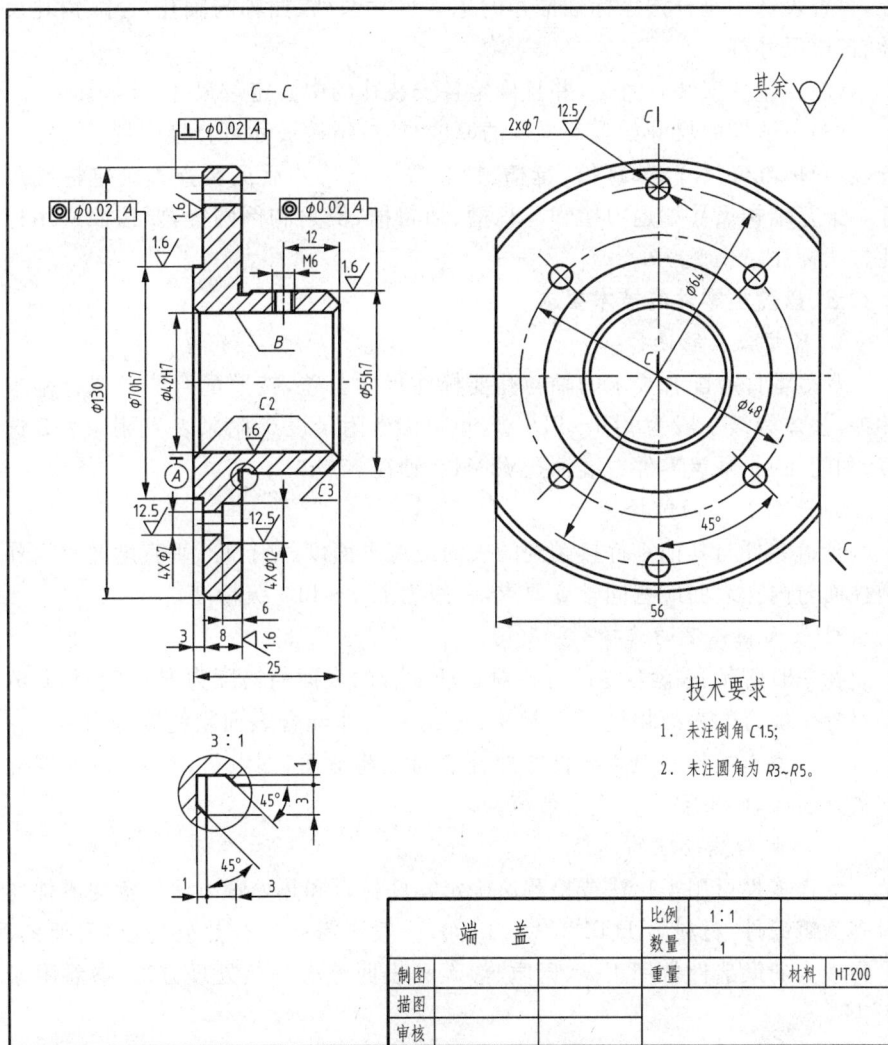

图 4-4 端盖零件图

四、盘盖类零件的尺寸与测量

盘盖类零件在标注尺寸时,通常以重要的安装端面或定位端面(配合或接触表面)作为轴向尺寸主要基准。以中轴线作为径向尺寸主要基准,如图4-4所示,由此标注出 $\phi60H11$、$\phi30H7$ 等尺寸。

盘盖零件尺寸测量方法如下:

(1)盘盖零件的配合孔或轴的尺寸要用游标卡尺或千分尺测量出圆的直径,再查表选用符合国家标准推荐的基本尺寸系列,如轴与轴孔尺寸、销孔尺寸、键槽尺寸等。

(2)测量各安装孔直径,并且确定各安装孔的中心定位尺寸。

(3)一般性的尺寸如盘盖零件的厚度、铸造结构尺寸可直接度量。

(4)标准件尺寸,如螺纹、键槽、销孔等测出尺寸后还要查表确定标准尺寸。工艺结构尺寸如退刀槽和越程槽、油封槽、倒角和倒圆等,要按照通用标注方法标注。

五、盘盖类零件的技术要求

1. 尺寸公差的选择

盘盖零件有配合要求的轴与孔要标注尺寸公差,按照配合要求选择基本偏差,公差等级一般为 IT6～IT9 级,也可参考附录表6、附录表7、附录表8选择,如图4-4泵盖零件右端轴孔 $\phi30H7$、轴径 $\phi70k6$。

2. 形位公差的选择

盘盖零件与其他零件接触到的表面应有平面度、平行度、垂直度要求。外圆柱面与内孔表面应有同轴度要求,一般为IT7～IT9级精度。

3. 表面粗糙度的选择

在一般情况下,盘盖零件有相对运动配合的表面粗糙度为 $R_a0.8$～$R_a1.6$,相对静止配合的表面粗糙度为 $R_a3.2$～$R_a6.3$,非配合表面粗糙度为 $R_a6.3$～$R_a12.5$。也有的许多盘盖零件非配合表面是铸造面,如电机、水泵、减速器的端盖外表面,则不需要标注参数值。

4. 材料与热处理的选择

盘盖零件可用类比法或检测法确定零件材料和热处理方法。盘盖零件坯料多为铸锻件,材料为 HT150～HT200,一般不需要进行热处理,但重要的、受力较大的锻造件常用正火、调质、渗碳和表面淬火等热处理方法,参看附录表17。

第三节 叉架类零件测绘

一、叉架类零件的作用

叉架类零件如拨叉、连杆、杠杆、摇臂、支架和轴承座等,常用在变速机构、操纵机构、支承机构和传动机构中,起到拨动、连接和支承传动作用。

二、叉架类零件的结构

叉架类零件一般是由连接部分、工作部分和安装部分三部分组成,多为铸造件和锻造件,表面多为铸锻表面,而内孔、接触面则是机加工面。连接部分是由工字型、⊥型或∪型肋板结构组成;工作部分常是圆筒状,上面有较多的细小结构,如油孔、油槽、螺孔等;安装部分一般为板状,上面布有安装孔,常有凸台和凹坑等工艺结构,如图4-5所示。

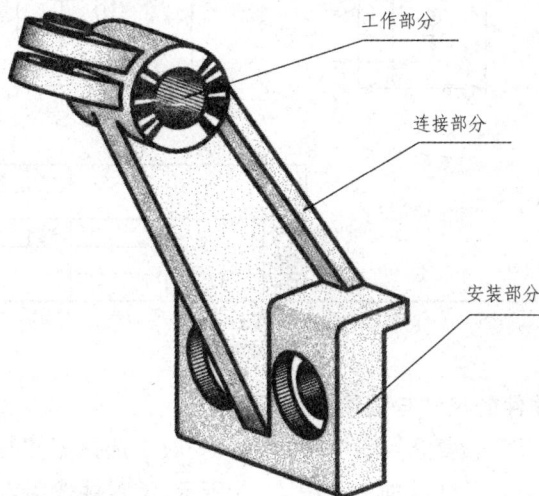

图4-5 叉架及其结构

三、叉架类零件的视图选择

叉架类零件结构比较复杂,加工位置多有变化,有的叉架零件在工作中是运动的,其工作位置也不固定,所以这类零件主视图一般按照工作位置、安装位置或形状特征位置综合考虑来确定主视图投影方向,加上一至二个其他的基本视图组成。由于叉架零件的连接结构常是倾斜或不对称的,还需要采用

斜视图、局部视图、局部剖视图、断面图等组成一组视图来表达,如图 4 - 6
所示。

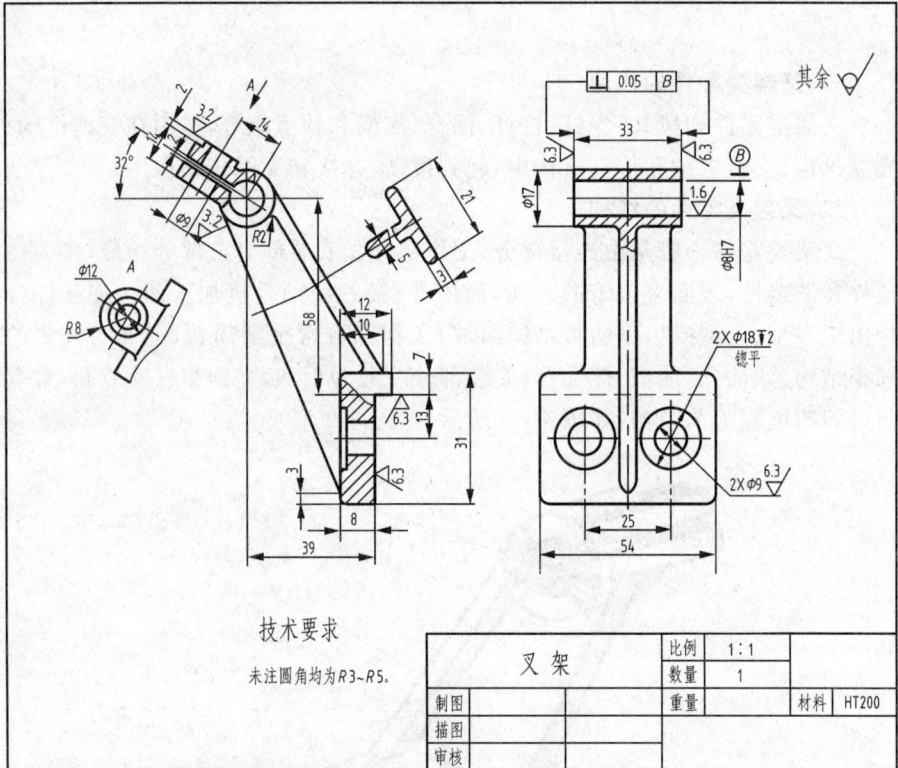

图 4 - 6　叉架零件图

四、叉架类零件的尺寸与测量

叉架零件的尺寸较复杂,在标注尺寸时,一般是选择零件的安装基面或零
件的对称面作为主要尺寸基准。如图 4 - 6 所示,该零件选用表面粗糙度等级
较高的安装底板的右端面作为长度方向尺寸主要基准,来定位圆筒圆心的位
置和其他主要结构尺寸。选用安装底板中间的水平面作为高度方向尺寸主要
基准,来确定圆筒圆心的高度定位和其他结构尺寸。由于支架的宽度方向是
对称结构,故选用了对称面作为宽度方向尺寸基准。另外工作部分上的各个
细部结构,是以圆筒(支承体)轴线作为辅助尺寸基准来标注直径尺寸和细部
结构的定位尺寸。

由于支架的支承孔和安装底板是重要的配合结构,支承孔的圆心位置和

直径尺寸、底板及底板上的安装孔尺寸应采用游标卡尺或千分尺精确测量,测出尺寸后加以圆整或查表选择标准尺寸,其余一般尺寸可直接度量取值。

工艺结构、标准件,如螺纹、退刀槽和越程槽、倒角和倒圆等,测出尺寸后还要按照规定标注方法标注,螺纹等标准件还要查表确定标准尺寸。

五、叉架类零件的技术要求

1. 尺寸公差的选择

叉架零件工作部分有配合要求的孔要标注尺寸公差,按照配合要求选择基本偏差,公差等级一般为 IT7～IT9 级。配合孔的中心定位尺寸常标注有尺寸公差。

2. 形位公差的选择

叉架零件安装底板与其他零件接触到的表面应有平面度、垂直度要求,支承内孔轴线应有平行度要求,一般为 IT7～IT9 级精度,可参考同类型的叉架零件图选择。

3. 表面粗糙度的选择

在一般情况下,叉架零件支承孔表面粗糙度为 $R_a1.6～R_a3.2$,安装底板的接触表面粗糙度为 $R_a3.2～R_a6.3$,非配合表面粗糙度为 $R_a6.3～R_a12.5$,其余表面都是铸造面,不作要求。

4. 材料与热处理的选择

叉架零件可用类比法或检测法确定零件材料和热处理方法。叉架零件坯料多为铸锻件,材料为 HT150～HT200,一般不需要进行热处理,但重要的、作周期运动且受力较大的锻造件常用正火、调质、渗碳和表面淬火等热处理方法。

第四节　箱体类零件测绘

一、箱体类零件的作用

箱体类零件主要作用是连接、支承和封闭包容其他零件,一般为整个部件的外壳,如减速器箱体、齿轮油泵泵体、阀门阀体等。

二、箱体类零件的结构

箱体类零件的内腔和外形结构都比较复杂,箱壁上带有轴承孔、凸台、肋板等结构,安装部分还有安装底板、螺栓孔和螺孔。为符合铸件制造工艺特点,安装底板和箱壁、凸台外形常有拔模斜度、铸造圆角、壁厚等铸造件工艺结构,如图 4-7 所示。

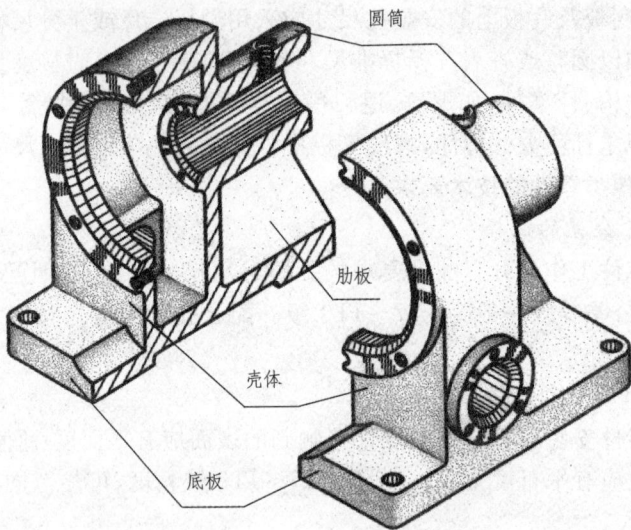

圆筒

肋板

壳体

底板

图 4-7　泵体及其结构

三、箱体类零件的视图选择

由于箱体零件结构复杂,加工工序方法较多,加工位置多有变化,在选择主视图时,主要是根据箱体零件的工作位置加形状特征原则综合考虑,通常需要三个到四个基本视图,并采用全剖视、局部剖视来表达箱体的内部结构。局部外形还常用局部视图、斜视图和规定画法来表达。如图 4-8 泵体零件图,按泵体工作位置放置,沿轴线水平方向作主视图投影,共采用了三个基本视图。根据结构形状及表达范围的大小,主视图采用全剖视,俯视图采用半剖视,左视图采用局部剖视来表达内部结构。局部外形还采用 A、B、E、F 四个局部视图表达,其中安装底板底部的 E 局部视图采用了简化画法,只画了一半视图。

四、箱体类零件的尺寸与测量

由于箱体类零件结构复杂,在标注尺寸时,确定各部分结构的定位尺寸很重要,因此要选择好各个方向尺寸基准,一般是以安装表面、主要支承孔轴线和主要端面作为长度和高度尺寸方向尺寸基准,当各结构的定位尺寸确定后,其定形尺寸才能确定。具有对称结构的以对称面作为尺寸基准。如图 4-8 泵体零件图中以泵体左端面作为长度方向尺寸基准,标注了 136、35 等主要结构尺寸,以安装底板底部为高度方向尺寸基准,标注了高度定位尺寸 36 和 108,宽度则以对称面为基准,标注了 150、144、90、80 等尺寸,以主轴孔轴线为辅助基准标注其他细部结构尺寸。

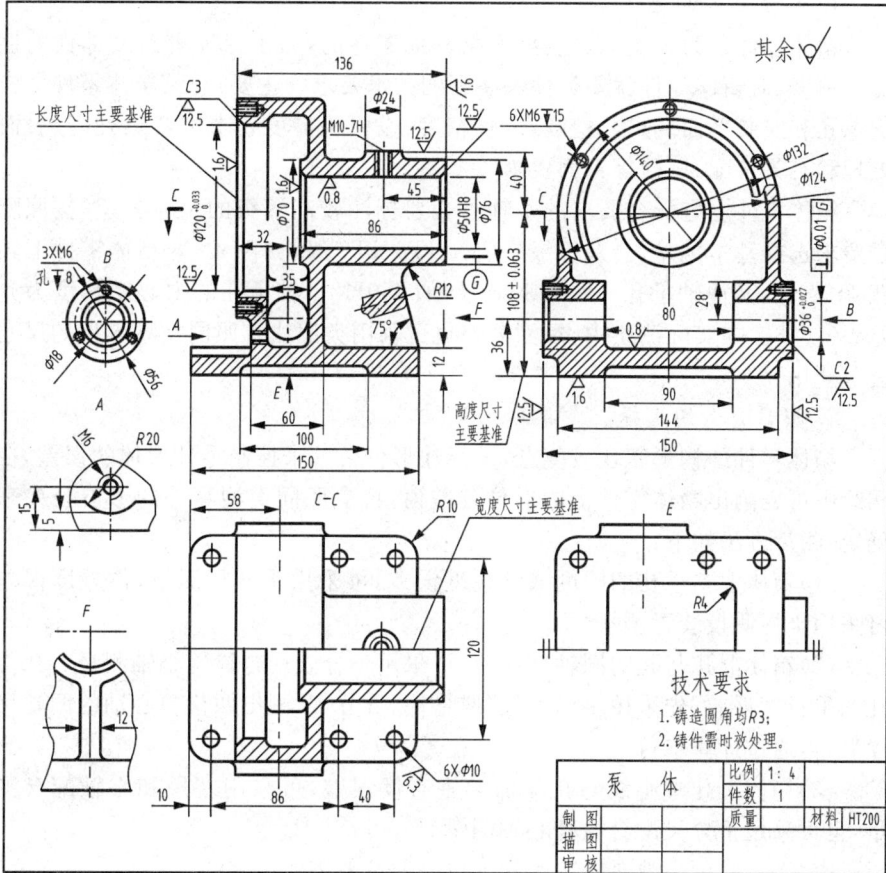

图 4-8　泵体零件图

　　箱体类零件的测量方法应根据各部位的形状和精度要求来选择,对于一般要求的线性尺寸可直接用钢直尺或钢卷尺度量,如泵体的总长、总高和总宽等外形尺寸。对于泵体上的光孔和螺孔深可用游标卡尺上的深度尺来测量。

　　对于有配合要求的孔径如支承孔及其定位尺寸,要用游标卡尺或千分尺精确度量,以保证尺寸的准确、可靠。

　　工艺结构、标准件,如螺纹、退刀槽和越程槽、倒角和倒圆等,测出尺寸后还要按照规定标注方法标注,螺纹等标准件还要查表确定其标准尺寸。

　　不能直接测量的尺寸,可利用其他工具间接测量(参见第二章第二节测量工具与测量方法)。测量不到的尺寸可采用类比法参照同类型的零件尺寸选用。

五、箱体类零件的技术要求

1. 尺寸公差的选择

箱体零件是为了支承、包容、安装其他零件的,为了保证机器或部件的性能和精度,对箱体零件就要标注一系列的技术要求。主要包括:箱体零件上各支承孔和安装平面的尺寸精度、形位精度、表面粗糙度要求以及热处理、表面处理和有关装配、试验等方面要求

箱体零件上有配合要求的主轴承孔要标注较高等级的尺寸公差,按照配合要求选择基本偏差,公差等级一般为 IT6、IT7 级,如图 4-8 箱体零件上轴孔 ϕ120H7,其他轴承孔一般为 IT8 级,如 ϕ50H8。轴承孔的中心距精度为允差±0.063。在实际测绘中,尺寸公差也可采用类比法参照同类型零件的尺寸公差选用。

2. 形位公差的选择

箱体零件结构形状比较复杂,要标注形位公差来控制零件形体的误差,在测绘中可先测出箱体零件上的形位公差值,再参照同类型零件的形位公差来确定,测量方法如下:

(1)箱体上支承孔的圆度或圆柱度误差,可采用千分尺测量,位置度误差可采用坐标测量装置测量。

(2)箱体上孔与孔的同轴度误差,可采用千分表配合检验心轴测量。孔与孔的平行度误差,先采用游标卡尺(或量块、百分表)测出两检验心轴的两端尺寸后,再通过计算求得。

(3)箱体上孔中心线与孔端面的垂直度误差,可采用塞尺和心轴配合测量,也可采用千分尺配合检验心轴测量。

表 4-3 所示为减速器底座的形位公差参考表。

表 4-3　减速器底座的形位公差参考表。

形位公差		公差等级
形状公差	轴承孔的圆度或圆柱度	IT6～IT7
	对称面的平行度	IT7～IT8
位置公差	轴承孔中心线间的平行度	IT6～IT7
	两轴承孔中心线的同轴度	IT6～IT8
	轴承孔端面对中心线的垂直度	IT7～IT8
	两轴承孔中心线间的垂直度	IT7～IT8

3. 表面粗糙度的选择

箱体零件加工面较多,在一般情况下,箱体零件主要支承孔表面粗糙度等级较高,为 $R_a0.8 \sim R_a1.6$,一般配合表面粗糙度为 $R_a1.6 \sim R_a3.2$,非配合表面粗糙度为 $R_a6.3 \sim R_a12.5$,其余表面都是铸造面,可不作要求。表 4 - 4 为减速器底座的表面粗糙度参数值,可供参考。

表 4 - 4 减速器底座的表面粗糙度参考表

加工表面	参数值(R_a)	加工表面	参数值(R_a)
减速器上下盖接合面	1.6~3.2	减速器底面	6.3~12.5
轴承座孔表面	1.6~3.2	轴承座孔外端面	3.2~6.3
圆柱销孔表面	1.6~3.2	螺栓孔端面	6.3~12.5
嵌入盖凸缘槽面	3.2~6.3	油塞孔端面	6.3~12.5
探视孔盖接合面	12.5	其余端面	12.5

4. 材料与热处理的选择

由于箱体零件形状结构比较复杂,一般先铸造成毛坯,然后再进行切削加工。根据使用要求,箱体材料可选用 HT100~HT300 之间各种牌号的灰口铸铁,常用牌号有 HT150、HT200。某些负荷较大的箱体,有时采用铸钢件铸造而成。

为避免箱体加工变形,提高尺寸的稳定性,改善切削性能,箱体零件毛坯要进行时效处理。箱体零件的材料和热处理可参考附录表 11、附录表 17。

第五章　装配件测绘综合举例

第一节　齿轮油泵测绘

一、齿轮油泵的作用与工作原理

齿轮油泵是一种在供油系统中为机器提供润滑油的部件,一般由 12 个到 18 个零件组成,是常用的教学测绘部件,如图 5-1 所示。

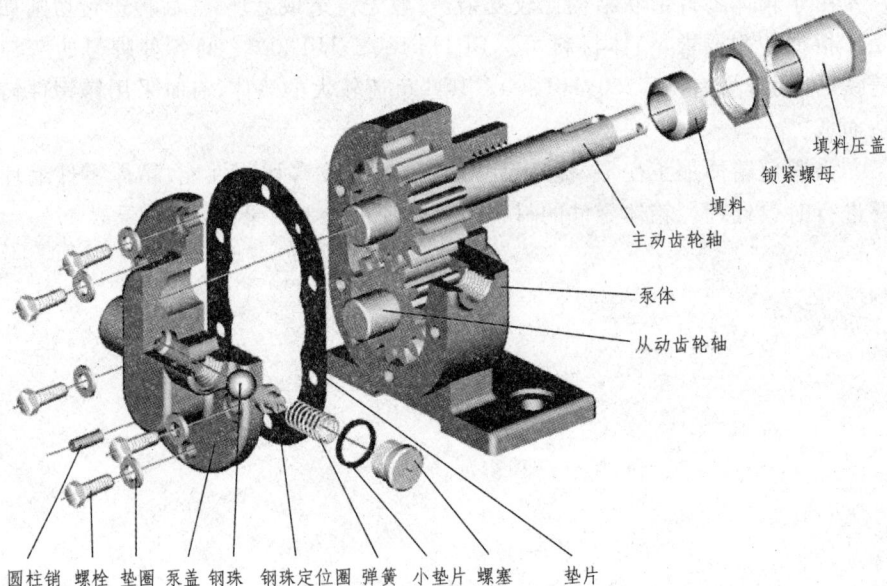

圆柱销　螺栓　垫圈　泵盖　钢珠　钢珠定位圈　弹簧　小垫片　螺塞　　垫片

填料压盖　锁紧螺母　填料　主动齿轮轴　泵体　从动齿轮轴

图 5-1　齿轮油泵

齿轮油泵工作原理如图5-2所示，当电动机带动主动齿轮轴逆时针方向转动时，主动齿轮轴带动从动齿轮轴转动，泵体前端进口处形成真空，油液通过进油孔吸入，再经过两齿轮的挤压产生压力油，最后通过出油孔排出。为防止油压增高或空气进入产生出油不畅的事故，在泵盖上设计有安全阀装置，正常运行时，安全阀处在关闭状态，当油压升高超过安全阀的额定压力时，安全阀被压力顶开，这时出口处的油通过安全阀里的通道返回进口处，形成油在泵体内部的循环，从而起到安全保护的作用。

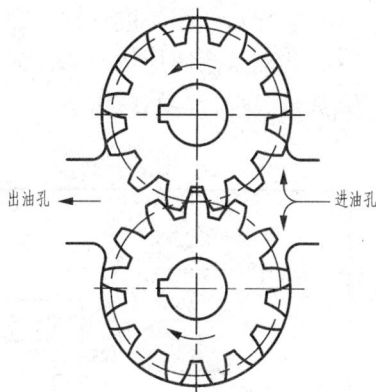

图5-2 齿轮油泵工作原理图

二、齿轮油泵的拆卸顺序及装配示意图画法

1. 齿轮油泵的拆卸顺序

齿轮油泵拆卸顺序如下：

(1)从泵盖处拧下6个螺栓和垫圈，将泵盖从泵体上卸下来，并卸下密封垫片。

(2)从泵体中取出从动齿轮和从动轴。

(3)从泵体另一面拧下压盖螺母，取走填料压盖，抽出填料(石棉或石棉绳)，将主动轴、主动齿轮从泵体腔中取出(有的齿轮油泵从动齿轮和从动轴是一体的)。

(4)泵体上有两个圆柱定位销，用于泵体与泵盖的连接定位，不必卸下。

(5)拧下安全阀上的螺钉，取下垫圈、弹簧和钢球。

齿轮油泵的装配顺序与拆卸顺序相反。

2. 画装配示意图

装配示意图是采用规定的符号和线条，画出组成装配体中各零件的大致轮廓形状和相对位置关系，用以说明零件之间装配关系、传动路线及工作原理等内容的简单图形，如图5-3所示为齿轮油泵的装配示意图。

画装配示意图时应注意以下几点：

(1)装配示意图作用是将装配体内外各主要零件的装配位置和配合关系全部反映出来，因此要表达完整。

(2)每个零件只画出大致轮廓或用简单线条表示，标准件和常用件采用符号或规定画法表示。

（3）装配示意图一般只画一到二个图形，并按投影关系配置。

（4）装配示意图应按照部件的装配顺序编出零件序号，并列表写出各零件名称、数量、材料等项目。

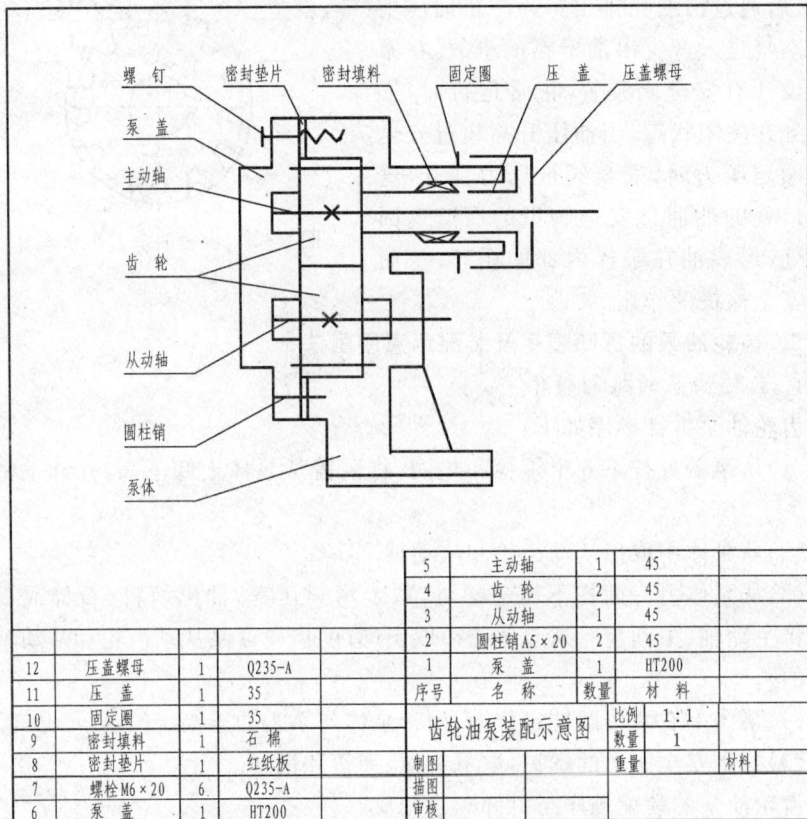

5	主动轴	1	45	
4	齿 轮	2	45	
3	从动轴	1	45	
2	圆柱销A5×20	2	45	
1	泵 盖	1	HT200	

12	压盖螺母	1	Q235-A
11	压 盖	1	35
10	固定圈	1	35
9	密封填料	1	石棉
8	密封垫片	1	红纸板
7	螺栓M6×20	6	Q235-A
6	泵 盖	1	HT200

序号	名　称	数量	材料	
齿轮油泵装配示意图		比例	1:1	
		数量	1	
制图		重量		材料
描图				
审核				

图 5-3　齿轮油泵装配示意图

三．齿轮油泵零件草图测绘

1. 泵轴草图测绘

（1）轴的作用与结构特点

泵轴是齿轮油泵的主要零件，其作用是支承和连接轴上的零件，如齿轮、带轮、压盖、衬套等，使轴系零件具有确定的位置并传递运动和扭距。轴的结构特点是同轴回转体，通常由圆柱体、圆锥体、内孔、螺纹等组成，在轴上常加工有键槽、销孔、螺纹等连接定位结构和中心孔、螺纹退刀槽、倒角与倒圆等工艺结构。

轴的形状取决于轴系零件在轴上安装固定的位置,以及轴在泵体中的安装位置和轴在加工及装配中的工艺要求。

轴的长度尺寸主要取决于轴系零件的尺寸和功能尺寸,轴的径向尺寸主要取决于对轴的强度和钢度的要求。

(2)轴的草图画法

分析好轴的结构特点后,要根据轴画出零件草图,如图5-4所示泵轴的零件草图,画法如下:

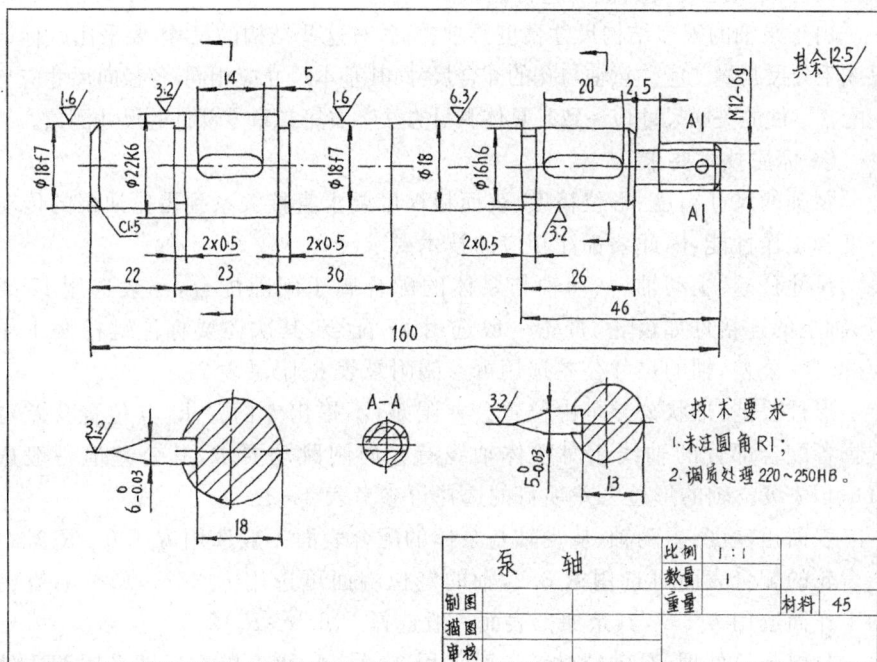

图5-4   泵轴零件草图

① 确定表达方案

根据轴的结构特点,通常选择一个以轴向位置(轴线为水平方向)投影的基本视图(即主视图),轴上的键槽、销孔可采用移出断面图表达,中心孔可采用局部剖视图表达,退刀槽、倒角倒圆等细小结构可采用局部放大图来表达。轴的草图应优先采用1:1比例。

② 标注零件尺寸

零件草图画好以后，应标注尺寸。首先分析确定尺寸基准，轴的轴向尺寸（长度尺寸）基准一般选择以轴的定位端面（与齿轮的接触面，也称轴肩端面）为主要基准，根据结构和工艺要求，选择轴的两头端面为辅助基准。轴的径向尺寸（直径尺寸）是以中轴线为主要基准。

泵轴的尺寸测量方法见第二章第二节。

螺纹、键槽等标准件尺寸测出之后，要查表选取最接近的标准值，并按照规定标注方法进行标注。工艺结构如螺纹退刀槽、砂轮越程槽、倒角倒圆的尺寸要按照常见工艺结构标注方法进行标注或在技术要求中用文字说明，其他结构尺寸测量之后其数值要进行圆整。

由于泵轴的很多结构尺寸精度要求较高，对这些结构的尺寸，要采用游标卡尺或千分尺测量。应注意轴与孔的配合尺寸，其基本尺寸应相同，各径向尺寸应与相配合零件的关联尺寸应一致。具体测量方法参看第二章零部件的尺寸测量。

③ 标注技术要求

泵轴的尺寸精度、形位精度、表面粗糙度要求直接关系到齿轮油泵的传动精度和工作性能，因此要标注相应的技术要求。

尺寸公差：主动轴、从动轴与泵体的配合属于间隙配合，一般选用 f7 或 h7，轴上的连接件如齿轮、带轮一般选用 k7 配合，其次还要标注键槽两工作面的尺寸公差，轴的尺寸公差选用可参阅附录表 6、附录表 7。

形位公差：形状公差可由位置公差限定，不提出专门要求，其位置公差可选择各配合部分的轴线相对整体轴线有径向圆跳动要求，其公差值一般选 IT6、IT7 级。轴的形位公差项目的选择可参考表 4-1。

表面粗糙度：主动轴、从动轴与泵体的配合表面一般选用 $R_a 1.6 \sim R_a 3.2$，与齿轮的配合表面可选用 $R_a 3.2$，轴的定位端面可选用 $R_a 3.2 \sim R_a 6.3$，键槽的工作面选用 $R_a 3.2$，其余加工表面一般选择 $R_a 6.3 \sim R_a 12.5$。

材料与热处理：泵轴的材料一般采用 45 号钢，加工成形后常采用调质处理，以增加材料的硬度，在技术要求中用文字说明，如：调质硬度 220～250HBS。

④ 填写标题栏

标题栏格式可参考有关零件图，要填写清楚、完整。

2. 泵体草图测绘

（1）泵体的作用与结构特点

泵体是齿轮油泵的主要零件，由它将轴、齿轮、压盖等零件组装在一块，起到支承包容作用,使它们具有正确的工作位置,从而达到所要求的运动关系和工作性能。

　　泵体结构比较复杂,内外都有不同形状的工作结构,如内部有两个轴线平行的轴孔,用于安装轴和压盖,内腔用来装置两个啮合的齿轮,并设有进出两个油孔。与泵盖的结合面上加工有六个螺孔和两个圆柱销孔用于定位连接。泵体下部是安装底板,加工有两个均布的螺栓孔,在泵体与底板的连接处有肋板结构。

　　(2)泵体草图画法

　　图5-5所示为泵体零件草图,其画法如下:

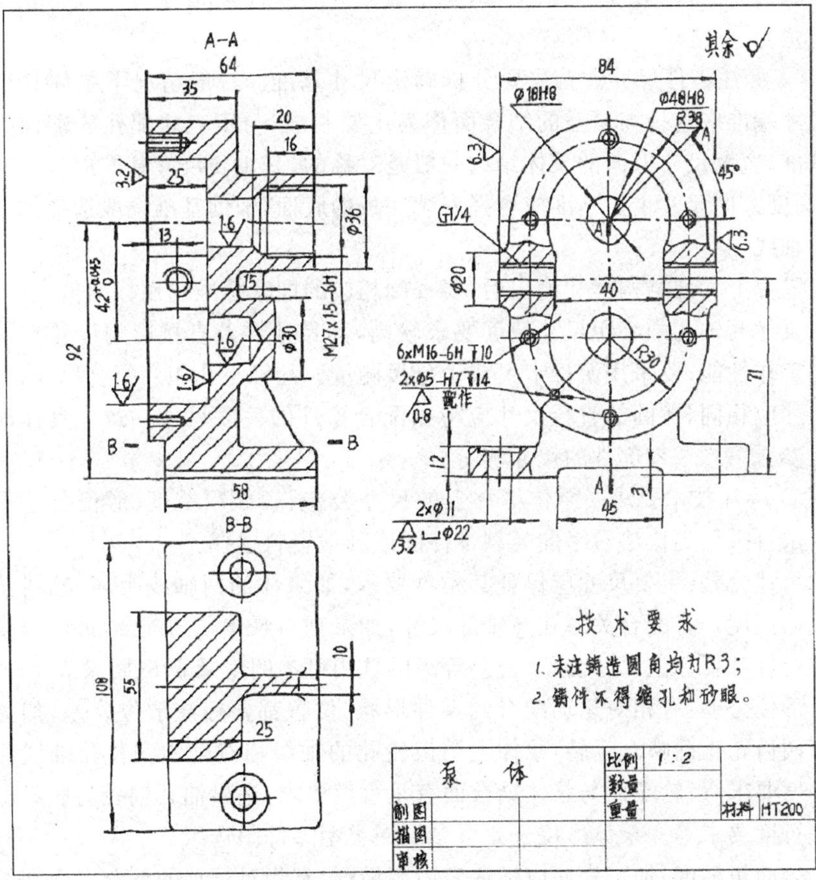

图5-5　泵体零件草图

① 确定表达方案。由于泵体内外结构都比较复杂,因而表达方法也较复杂,通常齿轮油泵泵体零件图应选择二至三个基本视图。主视图按照工作位置放置,选择形状特征较明显的一面作为投影方向。为表达泵体内腔及进出油孔的内部情况,常采用旋转剖视或较大范围的局部剖视表达方法,其他未表达清楚的内外结构可分别采用较小范围的局部剖视和局部视图来表达,如图5-5所示,底板上的螺栓孔和底板上部的凹槽及螺栓孔的分布情况采用了局部剖视和全剖的俯视图用来表达。画草图时,零件上一些工艺结构,如拔模斜度、铸造圆角、退刀槽、倒角、圆角等都要表达清楚。

泵体是铸造件,零件上常有砂眼、气孔等铸造缺陷,以及长期使用造成的磨损、碰伤使得零件变形、缺损等,要正确分析形体结构,在草图中要修正后表达清楚。

② 标注零件尺寸。首先要分析确定尺寸基准。一般情况下泵体长度方向尺寸基准应选择与泵盖的结合面作为主要基准,与压盖装配孔的端面为辅助基准;宽度尺寸方向的泵体结构一般是对称的,其主要尺寸基准应选择对称面;高度方向尺寸主要基准应选择安装底板的底面,辅助基准一般选择进出油孔的轴线。

零件上标准结构尺寸测出后,要查阅相应的国家标准选用标准值。

泵体两轴孔中心距尺寸精度要求较高,其尺寸误差直接影响齿轮传动精度和工作性能,要采用游标卡尺或千分尺测量。凡轴与孔相互配合尺寸,其基本尺寸应相同,各圆的直径尺寸应与相配合零件的关联尺寸一致。具体测量方法参看第二章零部件的尺寸测量。

③ 标注技术要求。泵体零件上的尺寸公差、表面粗糙度、形位公差等技术要求可采用类比法参考同类型零件图或其他资料选择。

尺寸公差:主要尺寸应保证其精度要求,如泵体的两轴线距离、轴线至底板底面高度。有配合关系孔与轴的尺寸,如泵轴与泵体孔的配合,齿轮与泵体的配合等都要标注尺寸公差,公差等级的选用可参阅附录表6、附录表7。

形位公差:有相对运动配合的零件形状、位置都要标注形位公差,如为了保证两齿轮正确啮合运转,泵体上两齿轮孔的轴线相对轴的安装孔轴线应有同轴度要求,齿轮端面与泵体结合面有垂直度要求,进出油孔轴线与底板底面有平行度要求等。泵体形位公差可参阅同类型零件图选用。

表面粗糙度:加工表面应标注表面粗糙度,有相对运动的配合表面和结合表面其粗糙度等级要求较高,如泵轴与孔的配合表面粗糙度一般选用 $R_a1.6\sim R_a3.2$,与轴系配合零件如齿轮、皮带轮表面粗糙度可选用 $R_a3.2$,其他加工表面如螺栓孔、退刀槽、倒角圆角等粗糙度可选用 $R_a6.3\sim R_a12.5$,不加工的毛坯面其表面粗糙度可不作精度等级要求,但要进行标注。

材料与热处理:泵体是铸造零件,一般采用 HT200 材料(200 号灰铸铁),其毛坯应经过时效热处理,这些内容可在技术要求中用文字注写。

3. 齿轮的草图测绘

(1)齿轮的作用与结构特点

齿轮是机器和部件中广泛应用的一种标准零件,其作用是传递动力、改变转动速度和改变转动方向。齿轮按作用和外形不同有圆柱齿轮、圆锥齿轮、蜗轮蜗杆,因此其传动形式有三类:①圆柱齿轮用于平行两轴之间的传动;②圆锥齿轮用于相交两轴之间的传动;③蜗轮蜗杆用于交叉两轴之间的传动。

圆柱齿轮传动是最常用到的一种传动形式,其结构主要是由轮齿、辐板(辐条)和轴孔三部分组成。轮齿部分是标准结构,轮齿的大小和齿宽由传动力的大小来设计,轮齿数量由额定转速和传动比来选定。轴孔部分是通用结构,轴孔里常加工有键槽,其余部分是非标准结构。

(2)圆柱齿轮零件草图画法

图 5-6 所示为圆柱齿轮零件草图,其画法如下:

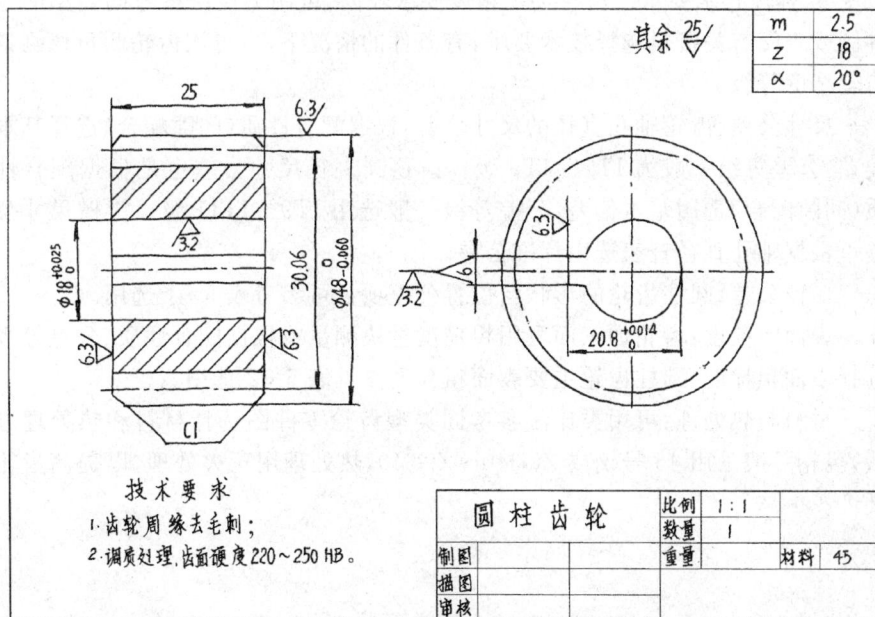

图 5-6　圆柱齿轮零件草图

① 确定表达方案。圆柱齿轮零件草图一般采用一至两个基本视图表达。按齿轮的工作位置放置,选择轴向位置作为主视图投影方向,通常要采用全剖视表达内部结构。结构复杂一些的齿轮可再选用左视图。

② 标注零件尺寸。圆柱齿轮主要有轴向尺寸(轴的长度)和径向尺寸(齿轮直径尺寸)组成。轴向尺寸基准选择齿轮端面,径向尺寸基准选择轴线。

齿轮轮齿上的三个圆直径,即分度圆直径、齿顶圆直径、齿根圆直径是齿轮的重要尺寸,应标注准确。

齿轮的测量首先是要对实物进行几何要素的测量,如数出齿数 z,测量齿顶圆直径 d_a、齿根圆直径 d_f、齿全高 h、齿宽 b 等,然后根据圆柱齿轮的计算公式计算出原设计的基本参数,如模数 m、分度圆直径 d 等,标准压力角 $\alpha=20°$,以达到准确地恢复原齿轮的设计尺寸。齿轮其他部分结构按一般测量方法进行,齿轮轴孔测得的尺寸要圆整后,再查表找得标准的基本尺寸。

由于对齿轮尺寸精度要求较高,测量时首先要选用比较精密的量具;其次,齿轮的许多参数都已标准化,测绘中测出的尺寸必须对照标准值选用;再者,齿轮许多尺寸与其装配在一起的其他零件尺寸都是相关联的或互相配合的,必须要标注一致,如齿轮与泵体孔的配合,其基本尺寸应一致。

③ 标注技术要求。齿轮加工精度要求较高,可用类比法参考同类型的零件图或查阅有关资料选择技术要求,有条件的情况下,也可用齿轮测量仪测量齿轮精度等级。

尺寸公差:齿轮轴孔直径的尺寸公差,根据配合性质(间隙配合)选择基本偏差,公差等级一般为 IT7~IT9 级。齿顶圆直径尺寸公差也是根据配合性质(间隙配合)选用基本偏差,公差等级一般选用 IT9~IT11 级。键槽尺寸公差可根据轴孔直径查表选用标准公差。

形位公差:圆柱齿轮的形状与位置公差项目可参考表 5-1 选用。

表面粗糙度:齿轮加工面可用粗糙度量块测量或根据配合性质、公差等级选择表面粗糙度,圆柱齿轮主要表面粗糙度参见表 5-2 选用。

材料与热处理:可用类比法参考同类型齿轮零件图选择材料和热处理方法,齿轮一般采用 45 号钢或 ZG340~ZG640,热处理用正火处理,以提高齿轮硬度。

表 5 - 1　圆柱齿轮形位公差参考项目表

内　容	项　目	对工作性能的影响
形状公差	齿轮轴孔的圆度	影响传动零件与轴配合的松紧及对中性
	齿轮轴孔的圆柱度	
位置公差	以齿顶圆为测量基准时,齿顶圆的径向圆跳动	影响齿厚测量精度,并在切齿时产生相应的齿圈径向跳动误差
	基准端面对轴线的端面圆跳动	影响齿轮、轴承的定位及受载的均匀性
	键槽侧面对轴心线的对称度	影响键侧面受载的均匀性

表 5 - 2　圆柱齿轮主要表面粗糙度参考表

加　工　表　面		精度等级	6	7	8	9
轮齿工作面	法向模数≤8	表面粗糙度 R_a 值	0.4	0.8	1.6	3.2
	法向模数>8		0.8	1.6	3.2	6.3
齿轮基准孔(轮毂孔)			0.8	1.6	1.6	3.2
齿轮基准直径			0.4	1.6	1.6	1.6
与轴肩接触的端面			1.6	3.2	3.2	3.2
平键槽			3.2(工作面),6.3(非工作面)			
齿顶圆	作为基准		1.6	3.2	3.2	6.3
	不作为基准		6.3~12.5			

四、齿轮油泵装配图画法

1. 齿轮油泵装配图的表达方案

图 5 - 7 为齿轮油泵的装配图。从图中看出,齿轮油泵选择了三个基本视图表达,按照工作位置放置,选择轴向方向作为主视图的投影方向,因为该投影方向能够较多地反映出齿轮油泵的形状特征和各零件的装配位置。主视图上通过两齿轮轴线采用全剖视方法,表现出齿轮油泵内部各零件之间相对位置、装配关系以及螺栓、圆柱销的连接情况。左视图采用沿泵体与泵盖结合面剖切的半剖视画法,表达出两齿轮的啮合情况及齿轮油泵的工作原理,同时也表达出螺栓和圆柱销沿泵体四壁的分布情况,并采用局部剖视图表达泵体上进出油孔的流通情况。俯视图采用沿安全阀孔轴线剖切的局部剖视方法,表达安全阀内部各零件的装配情况和油孔通道布置情况。

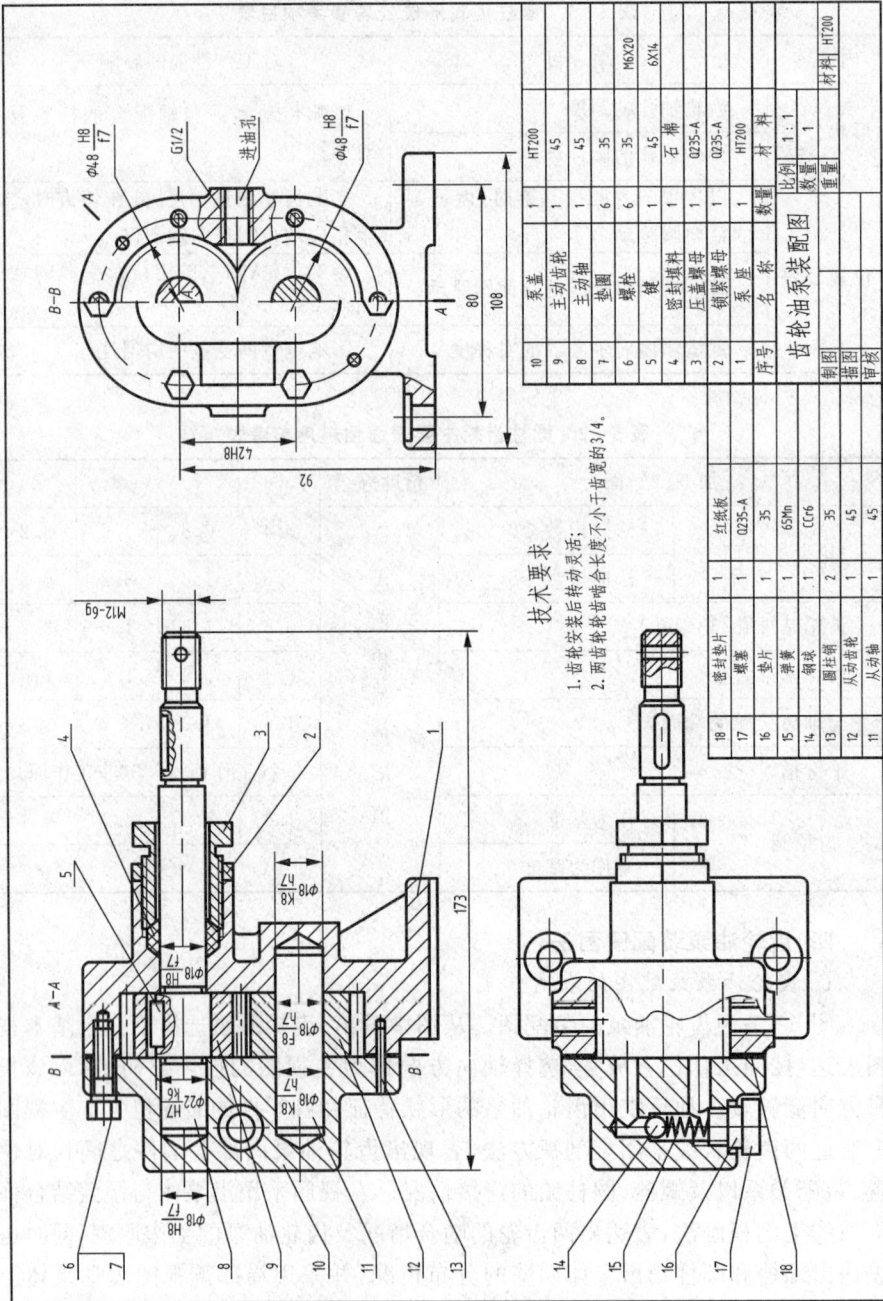

图 5-7 齿轮油泵装配图

2. 齿轮油泵装配图画法步骤

(1)定比例、选图幅、布图。图形比例大小及图纸幅面大小应根据齿轮油泵的总体大小、复杂程度,同时还要考虑尺寸标注、序号和明细表所占的位置综合考虑来确定。视图布置是通过画各个视图的轴线、中心线、基准位置线来安排,如图 5-8a 所示。

(2)依次画主要零件或较大的零件轮廓线。如图 5-8b 所示,先画出泵体和泵盖各视图的轮廓线。

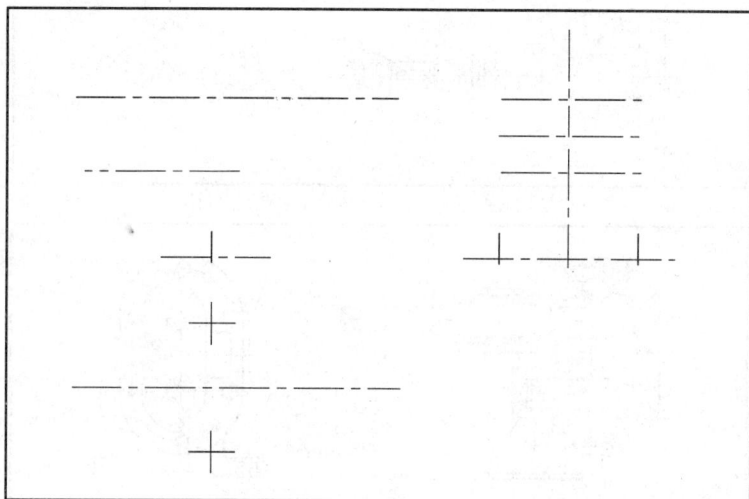

a) 布局定位,画各视图的基准线、对称线和中心线

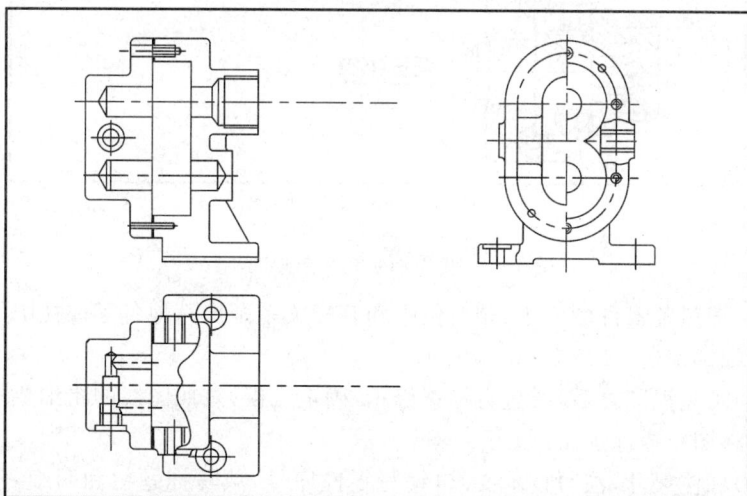

b) 画泵座、泵盖视图

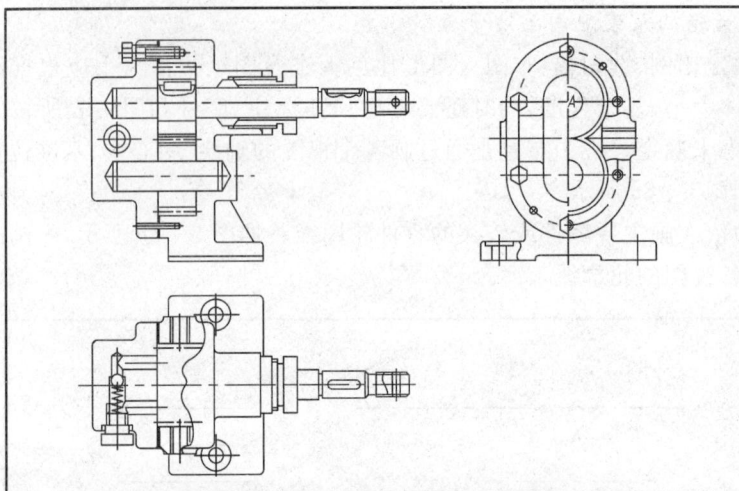

c) 画轴、齿轮、螺栓、压盖螺母及其他零件

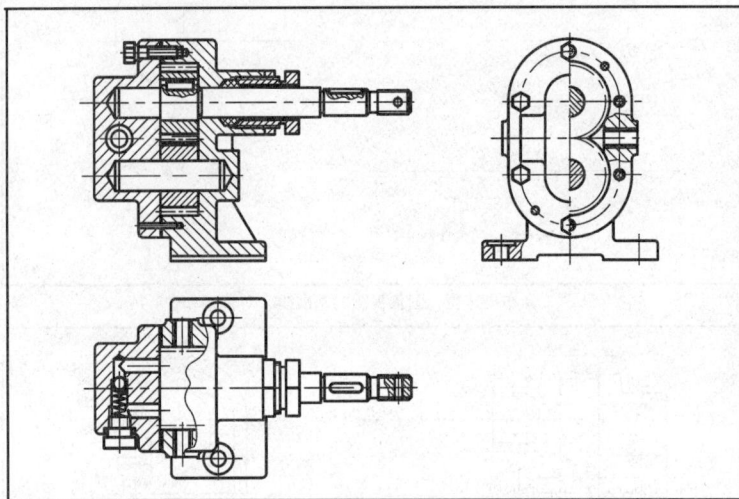

d) 描粗图线、画剖面线，完成全图

图 5-8　齿轮油泵装配图画图步骤

（3）按照各零件的大小、相对位置和装配关系画出其他各零件视图的轮廓及其他细部结构，如图 5-8 c 所示。

（4）画完视图之后，要进行检查修正，确定无误，按照图线的粗细要求和规格类型将图线描深加粗，如图 5-8d 所示。

（5）标注尺寸，注写技术要求，编写零件序号，填写标题栏和明细表，完成齿轮油泵装配图，如图 5-7 所示。

3. 齿轮油泵装配图的尺寸标注

齿轮油泵装配图应标注以下尺寸：

(1)性能尺寸

说明装配体的性能、规格大小尺寸,如图 5 - 7 齿轮油泵装配图中进出油口管螺纹孔尺寸 G1/2。

(2)装配尺寸

① 配合尺寸:说明零件尺寸大小及配合性质的尺寸,如轴与泵体支承孔的配合尺寸 $\phi18H8/f7$、$\phi18K8/h7$,齿轮与泵体孔的配合尺寸 $\phi48H8/f7$ 等。

② 轴线的定位尺寸:如图中标注的主动轴到底板底面高度 92。

③ 两轴中心距:如图中标注的两轴中心距 42H8。

(3)安装尺寸

说明将机器或部件安装到基座、机器上的安装定位尺寸,如齿轮油泵底板上两个螺栓孔的中心距尺寸。

(4)外形尺寸

说明齿轮油泵外形轮廓尺寸,如总长尺寸 173,总宽尺寸 108,总高尺寸 $92 + R38$。

(5)其他重要尺寸

是指设计或经过计算得到的尺寸,如主动轴的螺纹尺寸 M12 - 6g,计算得到的齿轮模数 m,以及一些主要零件结构尺寸。

4. 齿轮油泵装配图的技术要求

齿轮油泵装配图技术要求的注写有规定标注和文字注写两种,如图 5 - 7 所示。一般应包括下列内容:

(1)零件装配后应满足的配合技术要求,如主动轴、从动轴与泵盖、泵座支承孔的配合尺寸 $\phi18H8/f7$、$\phi18K8/h7$,齿轮与泵体孔的配合尺寸 $\phi48H8/f7$ 等,这些技术要求一般在装配图中标注。

(2)装配时应保证的润滑要求、密封要求,检验、试验的条件、规范以及操作要求。

(3)机器或部件的规格、性能参数,使用条件及注意事项,以上两项一般用文字说明的方法在标题栏上方写出。

五、齿轮油泵零件工作图画法

根据零件草图和装配图整理之后,用尺规或计算机绘制出来的零件图称为零件工作图,绘制零件工作图不是简单地抄画零件草图,因为零件工作图是制造零件的依据,它要求比零件草图更加准确、完善,所以针对零件草图中视图表达、尺寸标注和技术要求注写存在不合理、不完整的地方,在绘制零件工作图时要调整和修改。

　　绘制零件工作图时要注意配合尺寸、关联尺寸及其他重要尺寸应保持一致,要反复认真检查校核,直至无误后齿轮油泵测绘画图工作才告结束。如图5-9、图5-10、图5-11、图5-12所示为泵轴、泵体、泵盖、齿轮零件工作图。

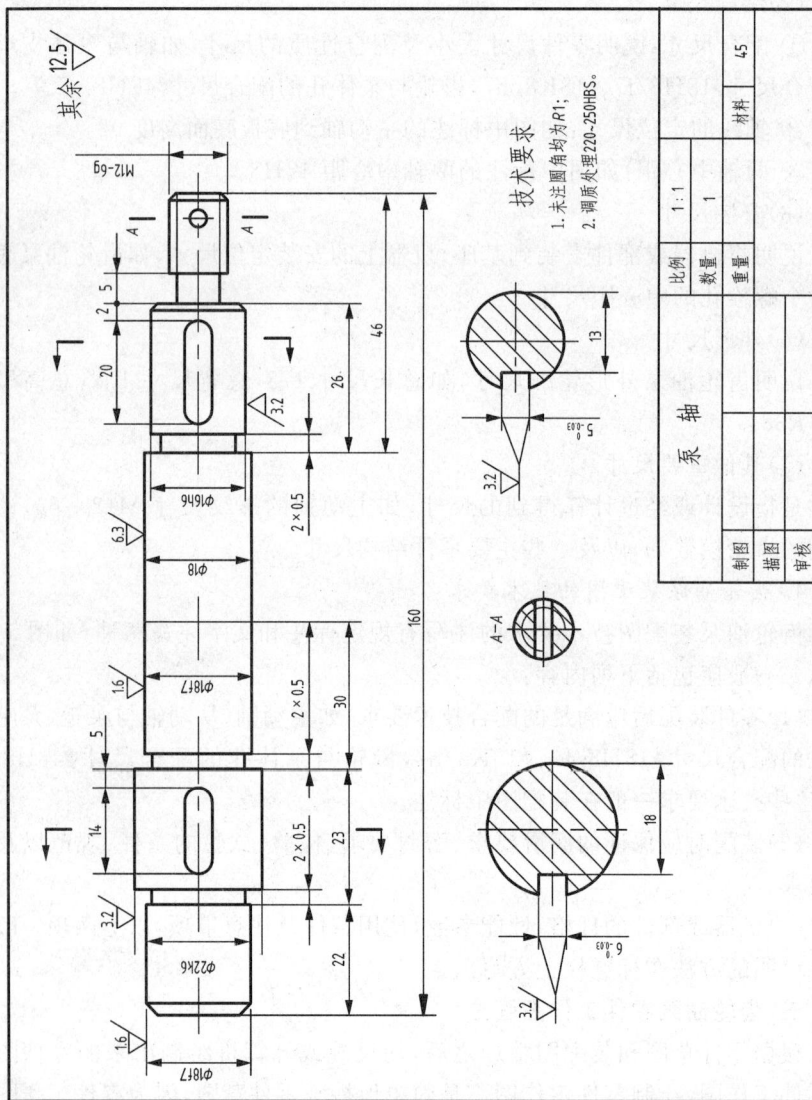

图 5-9　泵轴零件工作图

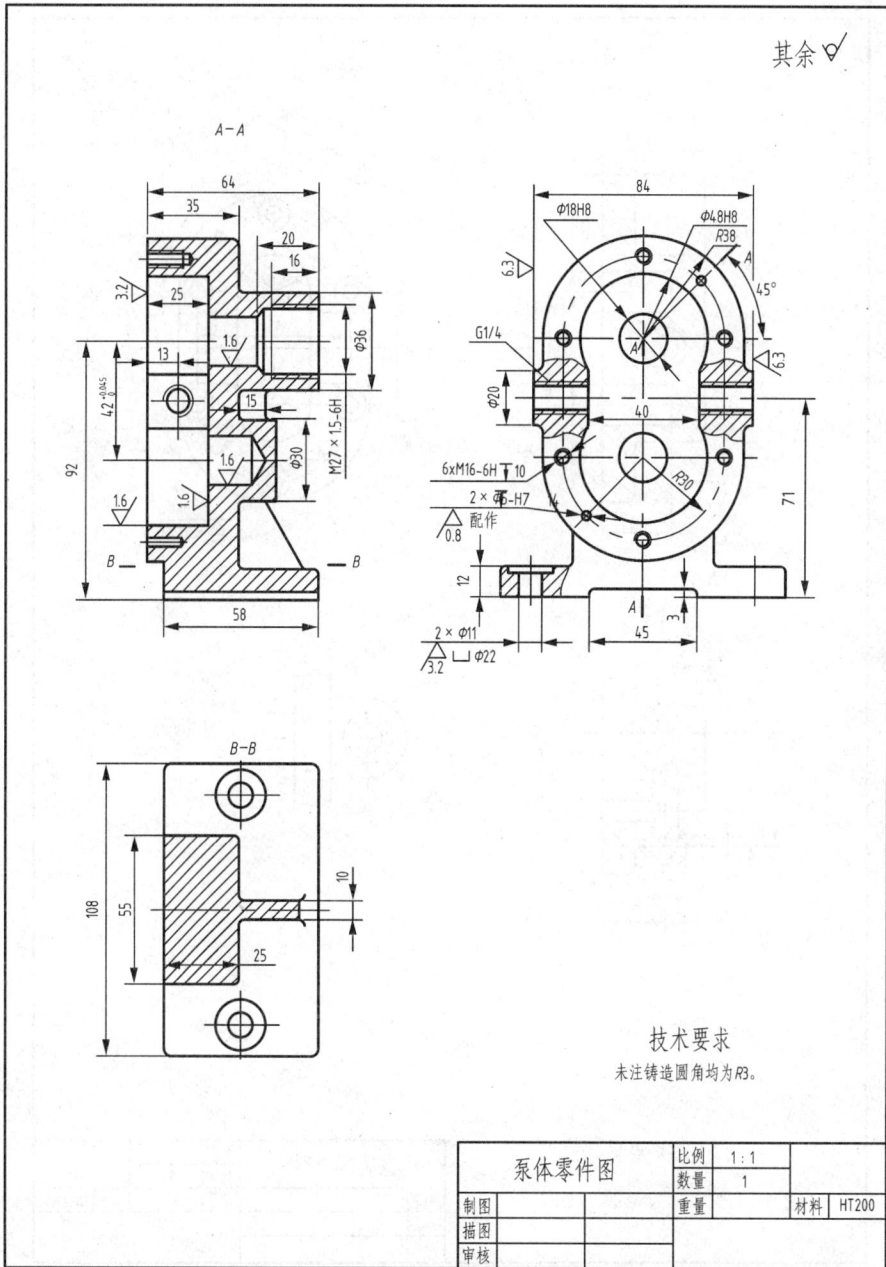

图 5-10　泵体零件工作图

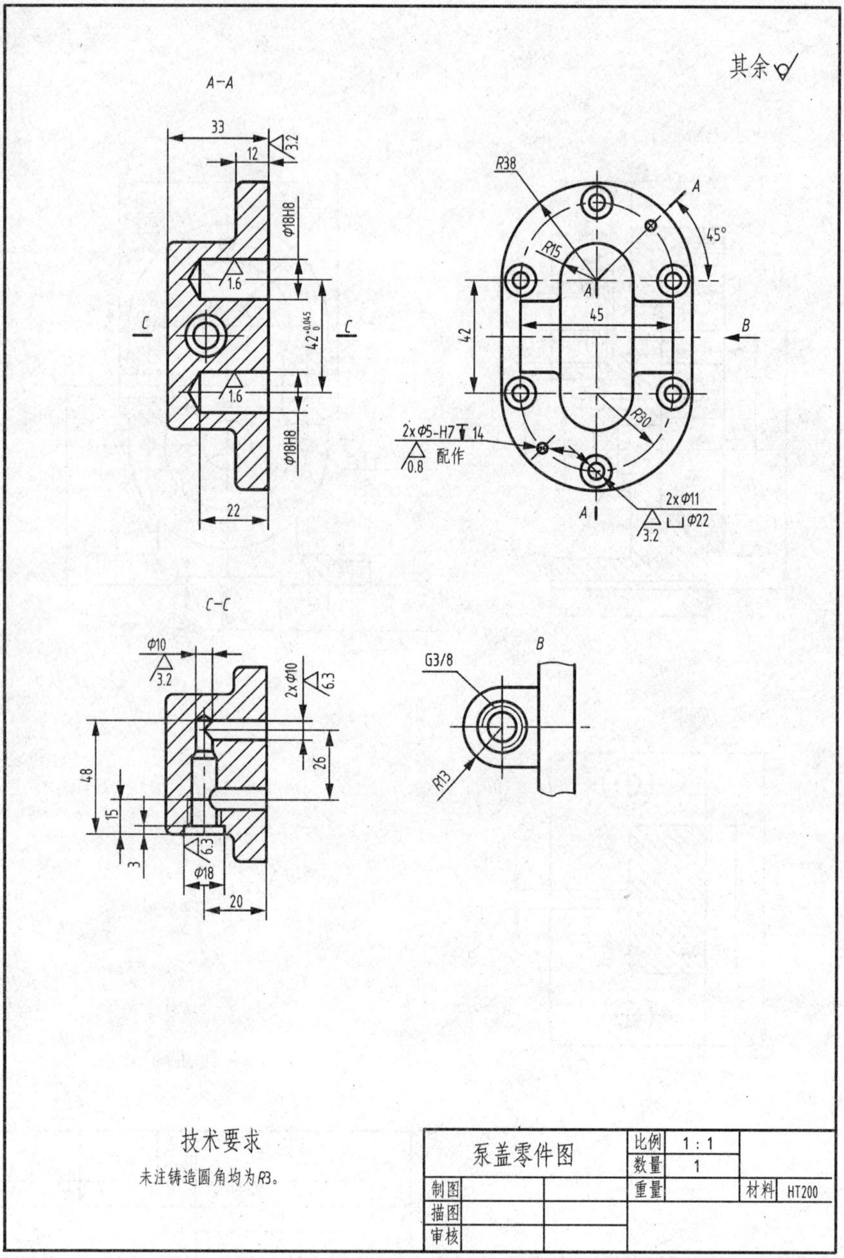

图 5-11 泵盖零件工作图

模　数	2.5
齿　数	18
压力角	20°

其余 $\frac{25}{\nabla}$

圆柱齿轮		比例	1:1	
		数量	1	
制图		重量		材料	45
描图				
审核				

技术要求

1. 轮齿周缘去毛刺;
2. 调质处理,齿面硬度220~250HB。

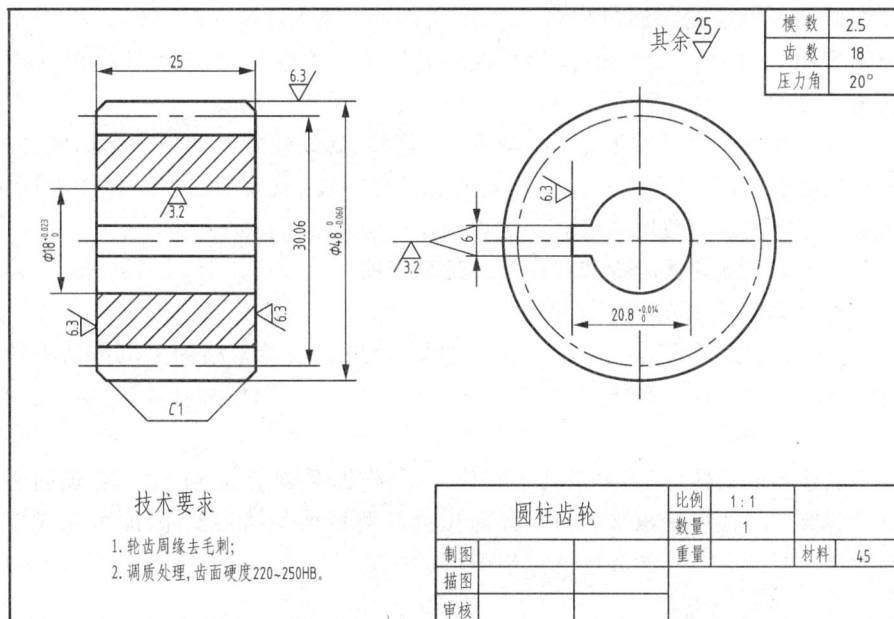

图 5-12　圆柱齿轮零件工作图

第二节　减速器测绘

一、减速器的作用与工作原理

减速器是介于原动机和工作机之间的一种机械传动装置,主要是用来降低运动转速。

减速器的类型很多,按传动零件不同,可分为齿轮减速器、蜗杆减速器和行星减速器,其中一级圆柱齿轮减速器是最简单的一种,用途较为广泛。减速器是一种专用部件,已经标准化、通用化,如图 5-13 所示为一级圆柱齿轮减速器。它的

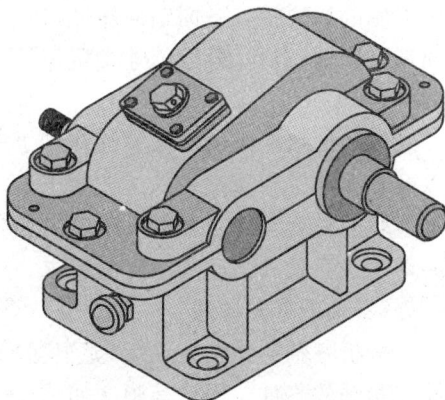

图 5-13　圆柱齿轮减速器

工作原理是由电动机通过皮带轮带动主动小齿轮轴（输入轴）转动，再由小齿轮带动从动轴上的大齿轮转动，将动力传递到大齿轮轴（输出轴），以实现减速的目的。

由于减速器包括了齿轮、轴、轴承、键连接、螺纹连接等通用件和标准件，还有减速器的箱座、箱盖等一些较复杂的零件，是比较典型的测绘部件，因此在机械部件测绘中常用到减速器作为测绘例题。

二．齿轮减速器的拆卸顺序及装配示意图

1. 齿轮减速器的拆卸顺序

拆卸齿轮减速器首先要了解它们的基本结构，其基本结构是由传动零件（如齿轮、蜗轮蜗杆），联接零件（如螺栓、键、销），支承零件（如箱体、箱盖）及润滑和密封装置等组成。

减速器的箱体、箱盖是由几个螺栓连接，先拆下螺栓，将箱盖拿走，里面所有的包容零件便展现出来。再从外向里拆卸两根轴及轴系零件，即可完成拆卸工作。装配时把拆卸顺序倒过来即可。

2. 画装配示意图

为了能够说明齿轮减速器的工作原理，并使减速器拆开后能装配复原，以作为绘制装配工作图的依据，所以要画装配示意图，如图 5－14 所示。

三、减速器零件草图测绘

1. 轴的草图测绘

（1）轴的作用与结构特点

轴是减速器的主要零件，其作用是支承和连接轴上的零件，如齿轮、、带轮、滚动轴承、密封圈等，使轴系零件具有确定的位置并传递运动和密封的作用。轴的结构特点是同轴回转体，通常由圆柱体、圆锥体、孔等组成，在轴上常加工有键槽、销孔、螺纹等连接定位结构和中心孔、退刀槽、倒角与倒圆等工艺结构。

轴的形状取决于轴系零件在轴上安装固定位置，轴在泵体中的安装位置以及轴在加工和装配中的工艺要求。

轴的长度尺寸主要取决于轴系零件的尺寸和功能尺寸，轴的径向尺寸主要取决于对轴的强度和钢度的要求。

（2）轴的草图画法

分析好轴的结构特点后，要根据轴画出零件草图，如图 5－15 所示为减速器齿轮轴的零件草图。其画法如下：

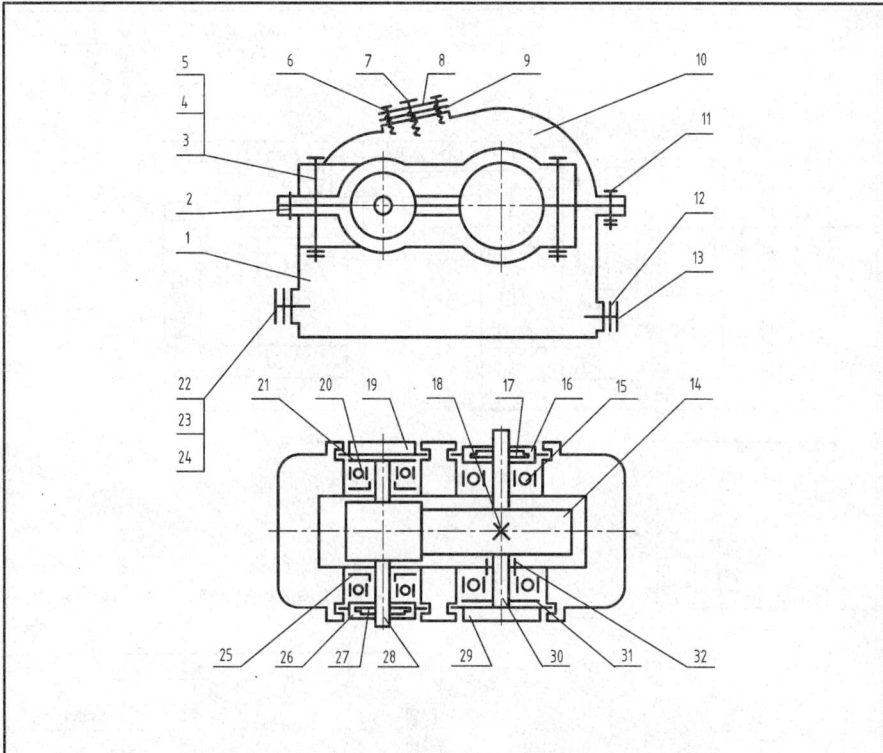

32	支承环	1	Q235-A		13	油塞	1	Q235-A	
31	调整环	1	Q235-A		12	垫圈	1	石棉	
30	从动轴	1	45		11	螺栓	2	Q235-A	M8x25
29	大闷盖	1	Q235-A		10	箱盖	1	HT200	
28	主动齿轮轴	1	45		9	垫片	1	石棉	
27	毛粘圈	1	毛粘圈		8	视孔盖	1	Q235-A	
26	小透盖	1	Q235-A		7	透气塞	1	Q235-A	
25	挡油环	2	Q235-A		6	螺钉	4	Q235-A	M3x10
24	橡胶垫圈	1	耐油橡胶		5	螺母	4	Q235-A	M8
23	支承片	1	Q235-A		4	垫片	4	Q235-A	A8
22	油标	1	有机玻璃		3	螺栓	4	Q235-A	M8x65
21	调整环	2	Q235-A		2	定位销	2	35	A4x18
20	轴承	2			1	箱座	1	HT200	
19	小闷盖	1	Q235-A		序号	名　称	数量	材　料	备注
18	键	1	35	10x10	减速器装配示意图			比例 1:1	
17	毛粘圈	1	毛粘圈					数量 1	
16	大透盖	1	Q235-A		制图			重量	
15	轴承	2			描图			材料	HT200
14	从动齿轮	1	45		审核				

图 5-14　减速器装配示意图

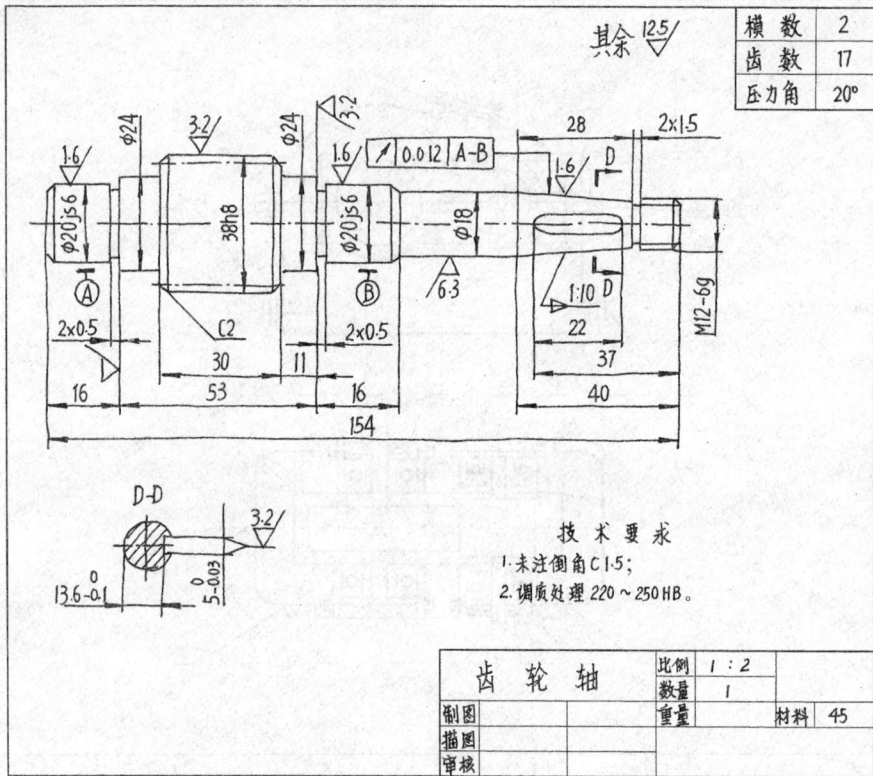

其余 ∇12.5

横数	2
齿数	17
压力角	20°

技 术 要 求
1. 未注倒角C1.5;
2. 调质处理220～250HB。

齿 轮 轴		比例	1:2	
		数量	1	
制图		重量		材料 45
描图				
审核				

图 5-15 减速器齿轮轴零件草图

① 确定表达方案。根据轴的结构特点,通常选择一个以轴向位置(轴线为水平方向)投影的主视图来表达轴的主要结构形状,轴上的键槽、销孔、润滑油孔可采用移出断面图表达,中心孔可采用局部剖视图表达,退刀槽、倒角倒圆等细小结构可采用局部放大图来表达。轴的草图应优先采用1:1比例。

② 标注零件尺寸。零件草画好以后,应标注尺寸,首先分析确定尺寸基准。轴的轴向尺寸基准一般选择以轴的定位端面(与齿轮的接触面)为主要基准,根据结构和工艺要求,选择轴的两头端面为辅助基准。轴的径向尺寸是以轴线为主要基准。

螺纹、键槽、销等标准零件尺寸测出之后,要查表选用接近的标准值,并按照规定标注方法进行标注。工艺结构如退刀槽、砂轮越程槽、倒角倒圆的尺寸要尽量按照常见结构标注方法进行标注或在技术要求中用文字说明。

由于轴的很多结构尺寸精度要求较高,对于轴的尺寸测量,要采用游标卡尺或千分尺量取,测出的尺寸要圆整。凡轴与孔的配合尺寸,其基本尺寸应相同,各径向尺寸应与相配合零件的关联尺寸一致。

③ 标注技术要求。轴的尺寸精度、形位精度、表面质量要求直接关系到齿轮油泵的传动精度和工作性能,因此要标注相应的技术要求。

尺寸公差:主动轴、从动轴与滚动轴承的配合,一般选用 js6 和 js7,轴上的连接件如齿轮、带轮一般选用 k6 配合,其次还要标注键槽的尺寸公差,轴的尺寸公差选用可参考附录表 6、附录表 7、附录表 8。

形位公差 形状公差可由位置公差限定,不提出专门要求,其位置公差可选择各配合部分的轴线相对整体轴线有径向圆跳动要求,其公差值一般选 IT6、IT7。轴的形位公差项目的选择可参考表 5-1,也可参考同类型的零件图选择。

表面粗糙度:主动轴、从动轴的配合表面一般选用 $R_a 1.6$,与齿轮的配合表面可选用 $R_a 3.2$,轴的定位端面可选用 $R_a 3.2$,键槽的工作面选用 $R_a 3.2$,其余加工表面一般选择 $R_a 6.3 \sim R_a 12.5$。轴的加工表面粗糙度参数值可参考表 5-2 选用,也可参考附录表 10 选择。

材料与热处理 轴的材料一般采用 45 号钢,加工成形后常采用调质处理,以增加材料的硬度,在技术要求中用文字说明,如调质硬度 220～250HBS。

④ 填写标题栏。标题栏格式可参考有关零件图,要填写清楚、完整。

2. 箱体的草图测绘

(1)箱体的作用与结构特点

箱体是减速器的一个重要零件,它的作用是:支承和固定轴及轴系零件,保证齿轮的正确啮合达到最佳传动效果,并使箱体内的零件具有良好的润滑和密封性能。

箱体是剖分式结构,上半部分是箱盖,在箱体的结合面上均匀布置有若干个螺栓孔和销孔,起到与箱盖的连接定位作用。箱壁上加工有对称的两对轴承孔(与箱盖轴承孔配合),轴承孔里有密封沟槽。

减速器的齿轮采用浸油润滑,箱体下部为存放机油的油池,从动齿轮的轮齿浸泡在机油中,起到润滑作用。在箱体端头的下方设计有测油孔,利用油标测量控制机油的油量,在另一端头下方设计有放油孔。

箱体的左右两边各有钩状的加强肋,作为吊装运输用。

(2)箱体的草图画法

减速器箱体零件草图画法见图 5-16 所示,画法步骤如下:

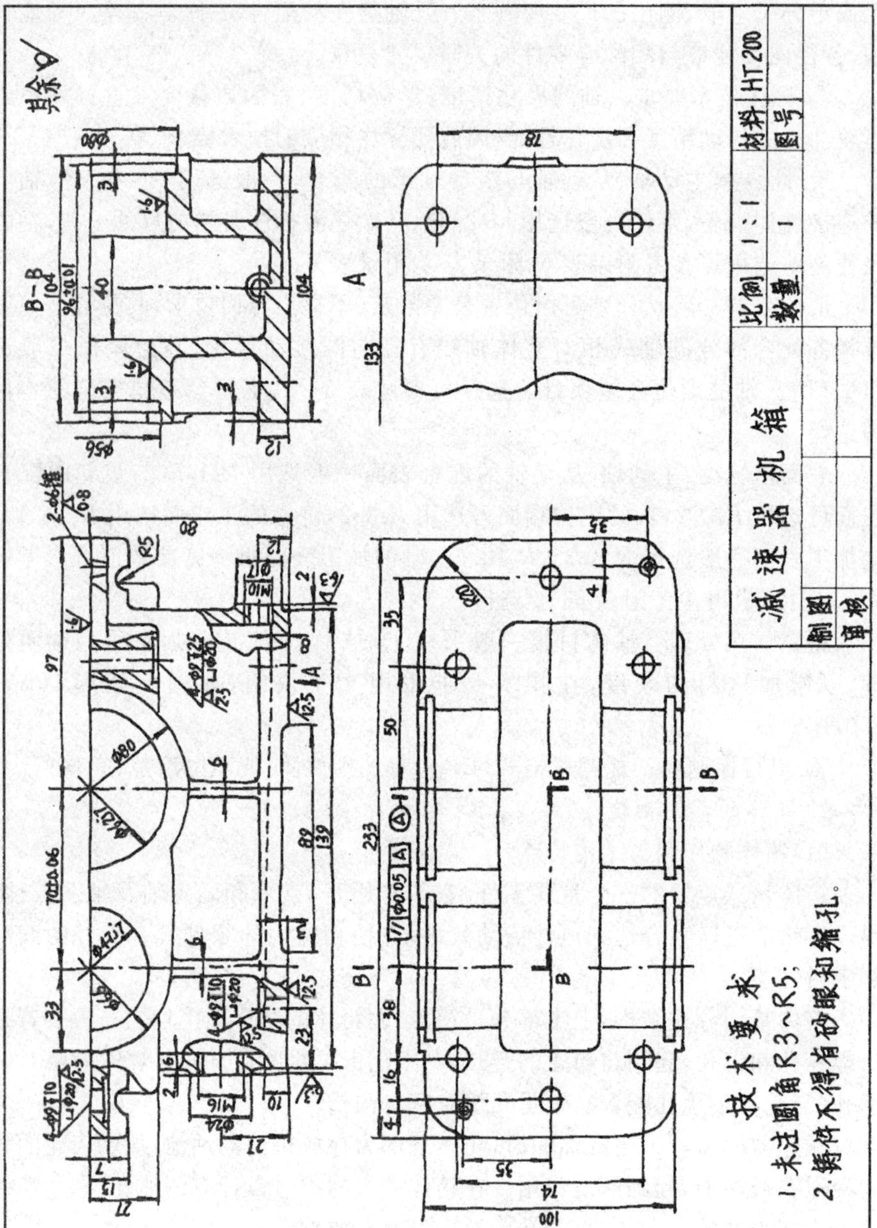

图 5－16　减速器机箱零件草图

① 确定表达方案。由于箱体内外结构都比较复杂,因而表达方法也较复杂,通常齿轮减速器箱体零件图应选择三个基本视图。主视图的选择应按照齿轮减速器工作位置时放置,选择外形特征较明显的一面作为投影方向。为表达箱体的内部结构情况同时又保留外部形状,故采用了几个局部剖视表达方法。俯视图采用了沿箱体结合面投影的表达方法,表现出轴系各零件的装配位置,以及在结合面上的螺栓孔和销孔的分布情况。左视图采用沿主动轴孔轴线、箱体内腔、从动轴孔轴线不同位置剖切的阶梯剖视表达方法,未能表达清楚的内外细部结构可分别采用较小范围的局部剖视和局部视图来表达,如测油孔、放油孔内部结构及其端面形状。画草图时,零件上一些细小的工艺结构,如铸造圆角、拔模斜度、倒角等都要表达清楚。

齿轮减速器箱体是铸造零件,零件上常有砂眼、气孔等铸造缺陷,以及长期使用后造成的磨损、碰伤使得零件变形、缺损等,画草图时要修正恢复原形后表达清楚。

② 标注零件尺寸。箱体的尺寸较多,首先要分析确定各个方向的尺寸基准。一般情况下箱体的长度方向尺寸基准应选择主动轴或从动轴的轴线为主要基准;宽度尺寸方向的箱体结构一般是对称的,其主要尺寸基准应选择箱体的对称面;高度方向尺寸主要基准应选择箱体安装底板的底面,辅助基准一般选择轴线。

零件上标准结构尺寸要按照规定方法标注,测出后的尺寸,如螺纹、销孔尺寸还要查阅相应的国家标准选用标准值。

箱体两轴孔中心距尺寸精度要求较高,其尺寸误差直接影响齿轮传动精度和工作性能,要采用游标卡尺或千分尺测量。凡轴与孔的配合尺寸,其基本尺寸应相同,各径向尺寸应与相配合零件的关联尺寸一致。

③ 标注技术要求 。箱体零件上的尺寸公差、表面粗糙度、形位公差等技术要求可采用类比法参考同类型零件图选择。

尺寸公差:主要尺寸应保证其精度,如箱体的两轴线距离、轴线至底板底面高度,有配合关系轴孔的尺寸都要标注尺寸公差,公差等级的选用可参阅附录表 6、附录表 7、附录表 8。

形位公差:有相互配合的零件形状、位置要有形位公差,如为了保证两齿轮正确啮合运转,箱体上两轴轴线应有平行度要求,箱体的形位公差可参考表 4 - 2。

表面粗糙度:加工表面应标注表面粗糙度,有相对运动以及经常拆卸的表面和结合面其粗糙度要求较高,如轴与孔的配合表面粗糙度一般选用 $R_a 1.6$

~R_a3.2,与轴配合零件如齿轮、皮带轮表面粗糙度可选用 R_a3.2,其他加工表面如螺栓孔、倒角圆角等粗糙度可选用 R_a6.3~R_a12.5,不加工的表面粗糙度为毛坯面,可不作精度等级要求,但要进行标注,箱体零件的表面粗糙度的选用可参考表 4-4。

材料与热处理:箱体是铸造零件,一般采用 HT200 材料(200 号灰铸铁),其毛坯应经过时效热处理,这些内容可在技术要求中用文字注写。

3. 箱盖的草图测绘

(1)箱盖的作用与结构特点

箱盖也是减速器的一个重要零件,它的作用是与箱体结合,用来支承和固定轴系零件,并和箱体零件共同包容轴系零件,支承孔内加工有密封沟槽,与密封件配合起到密封作用。

箱盖也是剖分式结构,箱盖的结合面上在与箱体相同的位置上均匀布置着与箱体相同的螺栓孔和销孔,与之连接定位。箱壁上加工有对称的两对轴承孔(与箱体轴承孔配合),轴承孔里有密封沟槽。

箱盖的顶部设计有窥视孔。窥视孔用于检查齿轮传动的啮合情况、润滑状态等,机油也由此注入。

(2)箱盖的草图画法

齿轮减速器机盖零件草图画法见图 5-17 所示,画法步骤如下:

① 确定表达方案。由于箱盖内外结构都比较复杂,因而表达方法也较复杂,通常箱盖零件图应选择三个基本视图。主视图的选择应按照齿轮减速器工作位置放置,选择外形特征较明显的一面作为投影方向。为表达箱盖的内部结构情况同时又保留外形,故采用了几个局部剖视表达方法。俯视图表达箱盖顶部和窥视孔的外部形状,以及在箱盖凸缘上的螺栓孔和销孔的分布情况。左视图采用沿主动轴孔轴线、箱体内腔、从动轴孔轴线几个不同位置剖切的阶梯剖视,未能表达清楚的内外细部结构可分别采用较小范围的局部剖视和局部视图来表达,如窥视孔、销孔等。画草图时,零件上一些工艺结构,如铸造圆角、拔模斜度、倒角等都要表达清楚。

齿轮减速器箱体是铸造零件,零件上常有砂眼、气孔等铸造缺陷,以及长期使用后造成的磨损、碰伤使得零件变形、缺损等,画草图时要修正恢复原形后表达清楚。

② 标注零件尺寸。减速器箱盖结构比较复杂,尺寸也较多,首先要分析确定尺寸基准。箱盖的长度方向尺寸基准应选择支承孔轴线为主要基准;宽度尺寸方向的箱盖结构也是对称的,其主要尺寸基准应选择箱盖的对称面;高

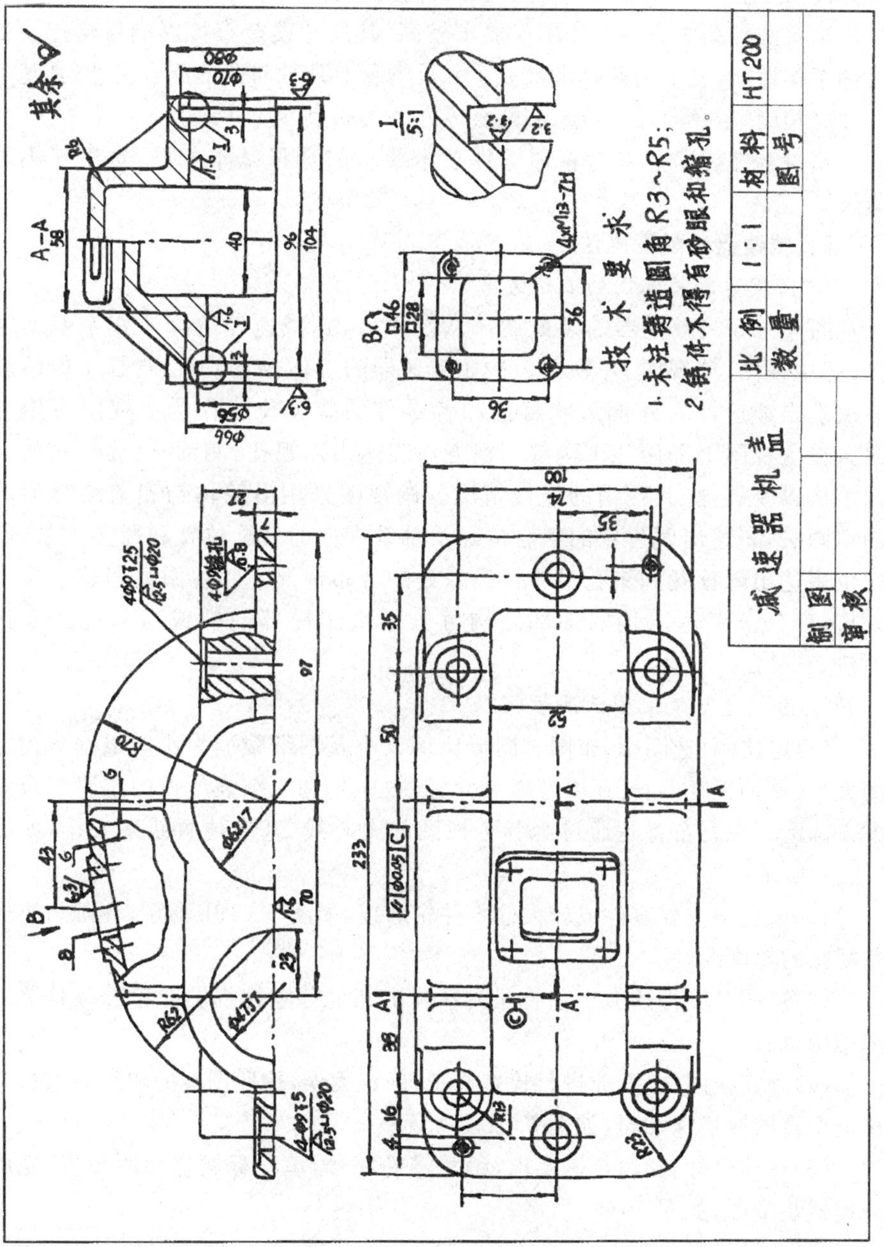

图 5-17 减速器机盖零件草图

度方向尺寸主要基准应选择箱盖与箱体的的结合面。

箱盖两轴孔中心距尺寸精度要求较高,其尺寸误差直接影响齿轮传动精度和工作性能,要采用游标卡尺或千分尺测量。凡轴与孔的配合尺寸,其基本尺寸应相同,各径向尺寸应与相配合零件的关联尺寸应一致。

箱盖零件技术要求与箱体零件技术要求的选择基本相同,这里就不再赘述。

四、减速器装配图画法

1. 齿减速器装配图的表达方案

图5-18为减速器的装配图。从图中看出,减速器选择了三个基本视图,即主视图、俯视图、左视图。按照减速器的工作位置放置,选择了能够较多反映出减速器的外部形状特征和各零件的装配位置作为主视图投影方向。在主视图上采用几个局部剖视方法表达出窥视孔、测油孔、放油孔的内部结构以及螺栓、圆柱销的连接情况。俯视图采用沿箱体与箱盖结合面的剖切画法,表达出两齿轮的啮合情况及轴系零件的装配位置和配合关系,同时也表达出螺栓孔和销孔沿箱体凸缘处的分布情况。左视图只表达减速器外形,部分未表达清楚的细部结构可分别采用局部剖视或局部视图表达方法。

2. 齿减速器装配图画法步骤

(1)定比例、选图幅、布图。图形比例大小及图纸幅面大小应根据减速器的大小、复杂程度,同时还要考虑尺寸标注、序号和明细表所占的位置综合考虑来确定。视图布置是通过画各个视图的中心线、基准位置线来安排,如图5-19a所示

(2)依次画主要零件或较大的零件轮廓线,如图5-19b所示,先画出箱体各视图的轮廓线。

(3)按照各零件的大小和装配关系画出其他各零件视图的轮廓及其他细部结构,如图5-19c所示。

(4)画完视图之后,要进行检查修正,确定无误,按照图线的粗细要求和规格类型将图线描深加粗,如图5-19d所示。

(5)标注尺寸,注写技术要求,编写零件序号,填写标题栏和明细表,完成减速器装配图,如图5-18所示。

技术要求

1. 各零件装配前需用煤油清洗干净；
2. 零件装配好后，机箱内按规定高度装入润滑油；
3. 表面涂油漆防腐；
4. 减速比55/15=3.67。

序号	名　称	数量	材　料	备　注
14	螺栓	4	Q235-A	M8x65
13	垫片	1	石棉	
12	透气塞	1	Q235-A	
11	视孔盖	1	Q235-A	
10	螺钉	4	Q235-A	M3x10
9	机盖	1	HT200	
8	垫圈	2	35	
7	螺母	2	Q235-A	M8x25
6	螺母	2	Q235-A	M8
5	支承片	2	耐油橡胶	
4	油标	1	有机玻璃	
2	机座	1	HT200	

减速器装配图 　比例 1:1 　数量 1 　材料 HT200

序号	名　称	数量	材　料	备　注
33	大闷盖	1	Q235-A	
32	密封填料	1	毛毡	
31	调整环	1	Q235-A	
30	小闷盖	1	Q235-A	
29	调整环	2	Q235-A	
28	挡油环	2	Q235-A	
27	滚动轴承204	2		GB2733-88
26	主动齿轮轴	1	45	m=2 z=15
25	调整环	1	Q235-A	
24	大闷盖	1	Q235-A	
23	从动齿轮	1	45	m=2 z=55
22	从动齿轮轴	1	35	A10x22
21	滚动轴承206	2		GB2733-88
20	油塞	1	35	
19	垫圈	1	耐油橡胶	
18	键	1	45	A4x18
16	垫圈	2	耐油橡胶	
15	定位销	2	35	

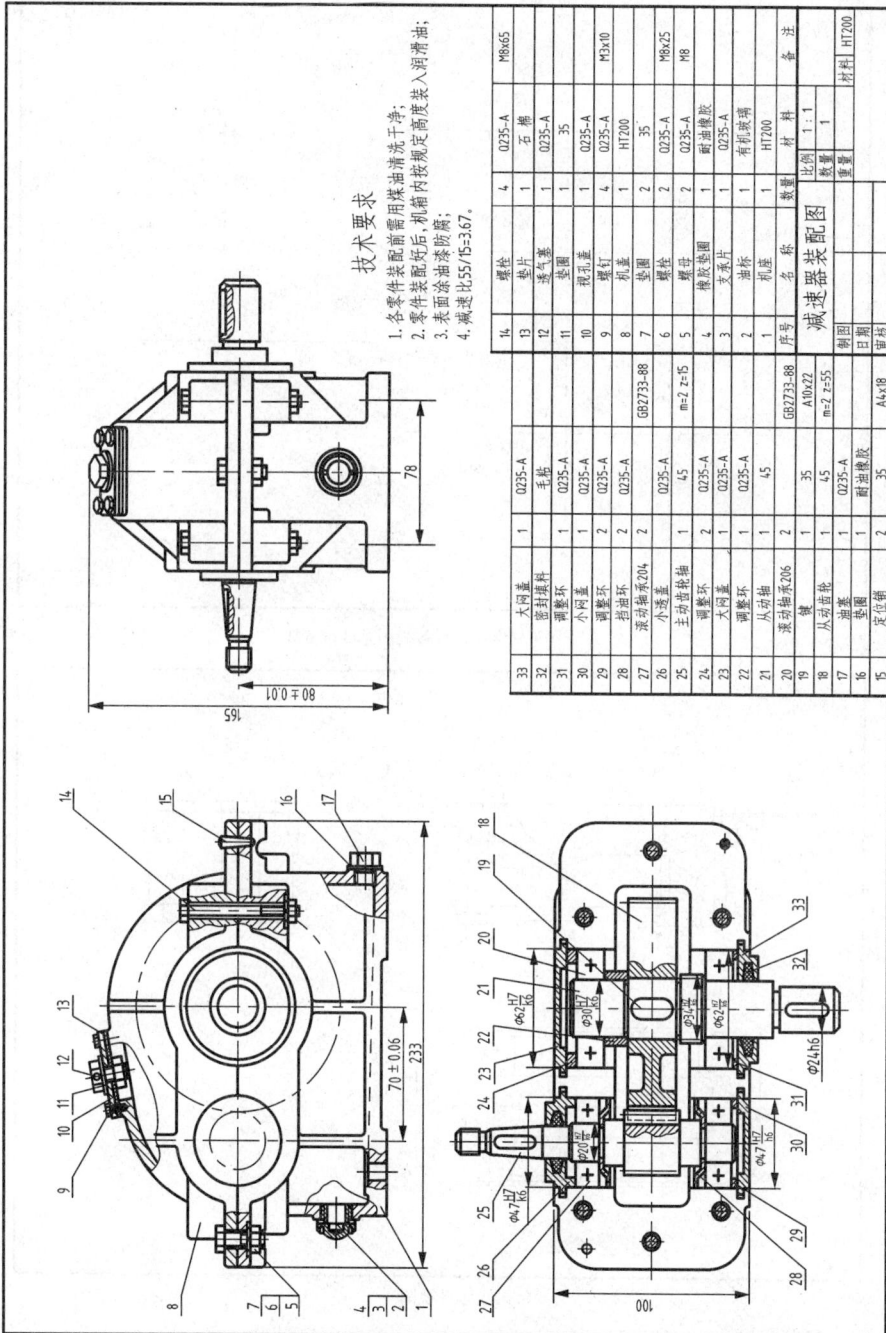

图 5-18　减速器装配图

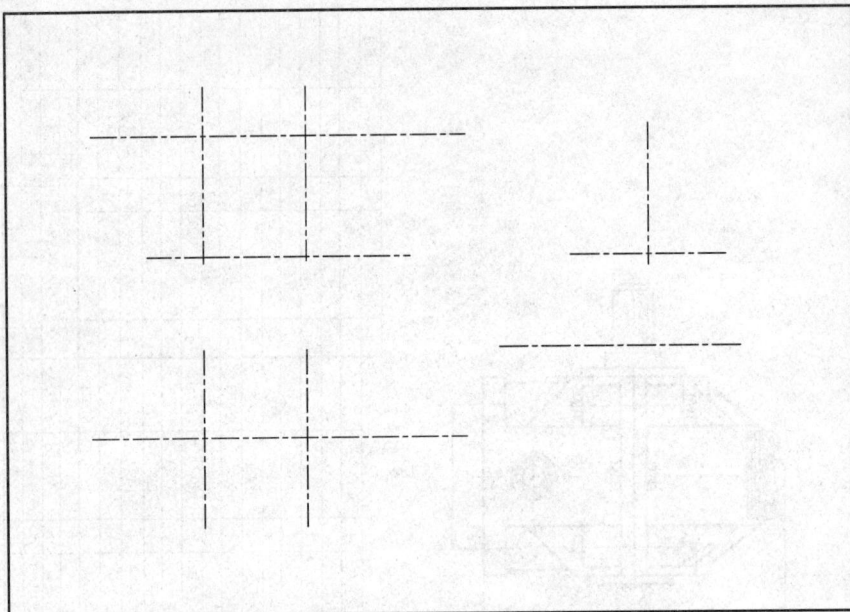

a) 布局定位，画各视图基准位置线

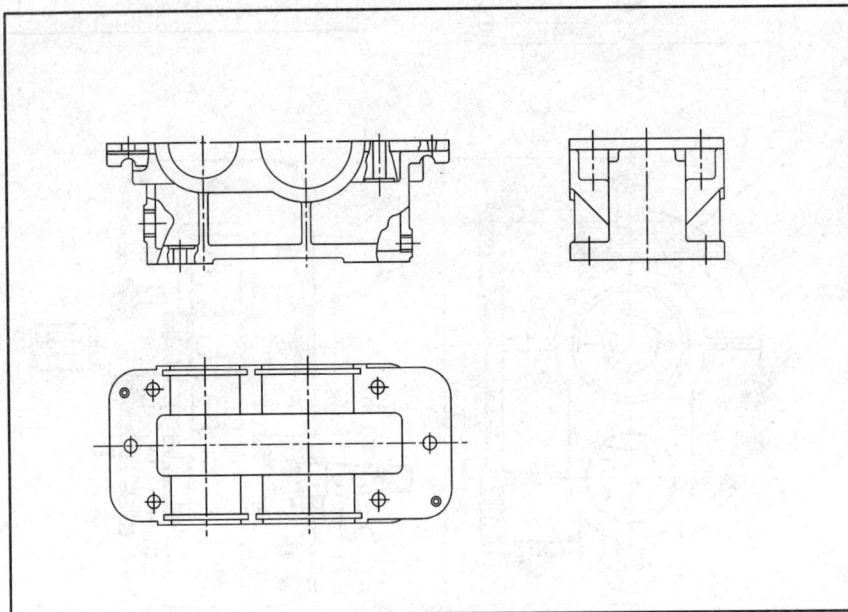

b) 画箱体各视图

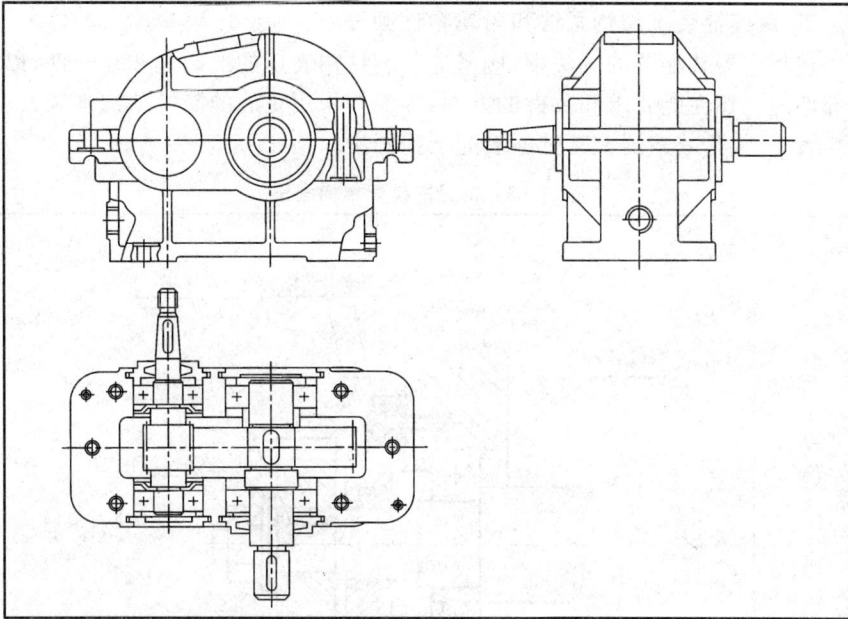

c) 画箱盖、轴、齿轮等零件

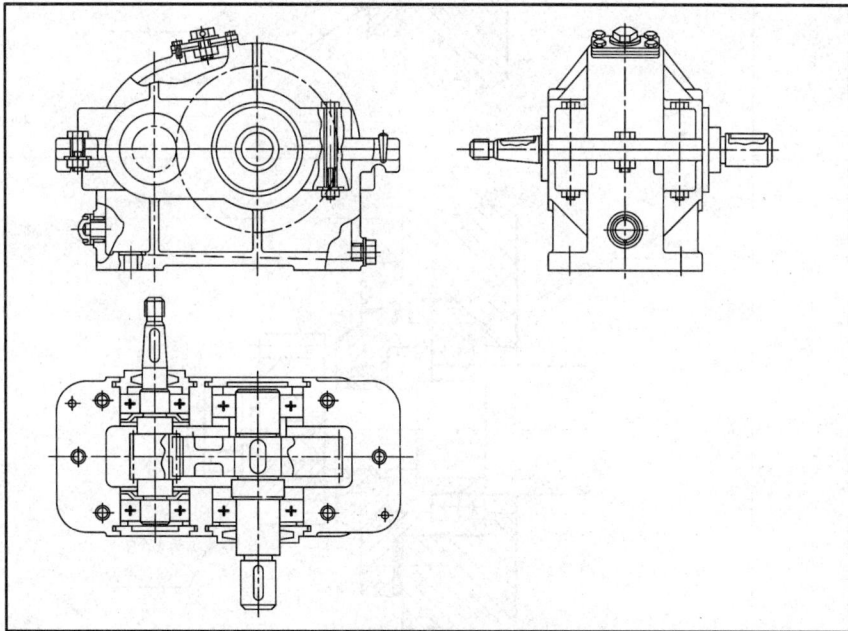

d) 画其他零件及细部结构

图 5-19　减速器装配图画图步骤

五、减速器装配结构画法和附属零件画法

在减速器装配图的画法中,应考虑装配结构表达的准确性和合理性,以保证部件的工作性能要求和装拆的方便,因而要采用正确的装配结构画法。

表 5-3 是减速器上常见的装配结构画法。

表 5-3　常见的装配结构画法

常见装配结构的规定画法和简化画法	螺钉头部简化画法　填料　键　滚动轴承　垫圈　螺母头部简化画法　螺纹倒角省略不画　齿轮端部倒角省略不画　垫片剖开后涂黑采用夸大画法　螺钉已表达 用中心线表示位置
轴上零件的固定方法	端盖固定　轴肩固定　螺纹固定　轴肩固定　两表面应留有间隙

表5－4是减速器附属零件画法。

表 5－4　减速器附属零件画法

名　称	装配画法	作　用
窥视孔及窥视孔盖		窥视孔用于观察检查减速器齿轮传动的啮合情况,润滑状态、接触斑点及齿轮间隙,机箱里的润滑油也由此注入。窥视孔一般设计在箱盖顶部。窥视孔盖用螺钉连接在箱盖上,之间加有密封垫片
透气塞		减速器运转气压增大时,可从透气塞中及时排出气体,保证机箱内压力均衡。透气塞常采用六角螺栓式,中间有气孔,在窥视孔盖板与箱盖中间加有密封垫片
油标		油标用于检查减速器内油面高度,设计在箱体下部。常见油标有圆形油标、管式油标和杆式油标等

（续表）

名　　称	装 配 画 法	作　　用
油塞		排油孔处装配油塞，常用六角螺栓式，与箱体面接触处加有橡胶垫片
挡油环　轴承　闷盖		装配挡油环、闷盖和橡胶垫圈，用来固定轴承外圈，并起到密封作用
毛粘密封		将毛粘或石棉嵌入闷盖的沟槽里达到密封作用

六、减速器零件工作图画法

根据零件草图和装配图整理之后,开始用尺规或计算机绘制零件工作图。绘制零件工作图的方法和注意事项与绘制齿轮油泵零件工作图相同,如图 5-20,图 5-21,图 5-22 所示。

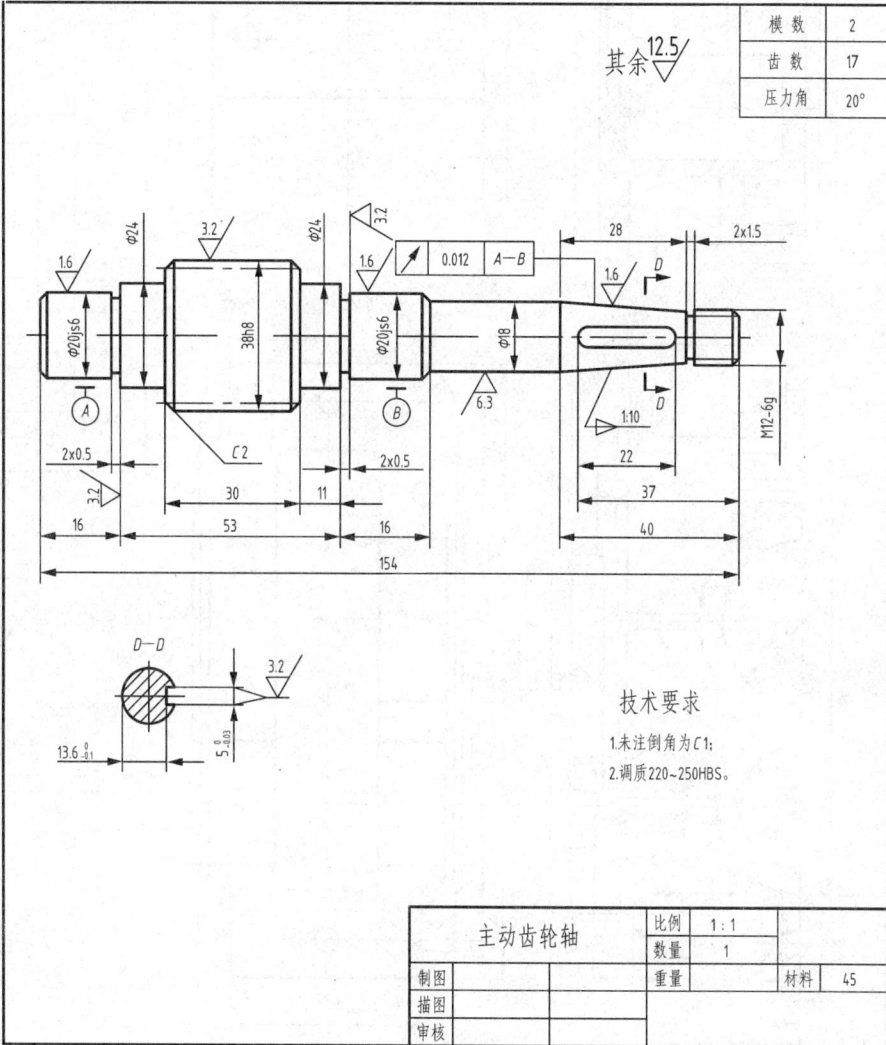

模 数	2
齿 数	17
压力角	20°

图 5-20 齿轮轴零件工作图

技术要求

1.未注倒角为 C1;
2.调质 220~250HBS。

主动齿轮轴	比例	1:1		
	数量	1		
制图		重量		材料	45
描图				
审核				

技术要求
1. 非加工表面涂绿色油漆防腐;
2. 铸件时效处理,以清除内应力;
3. 未注铸造圆角均为R3~R5。

减速器机箱

| 比例 | 1:1 |
| 材料 | HT200 |

| 制图 | |
| 审核 | |

图 5-21 减速器机箱零件工作图

· 66 ·

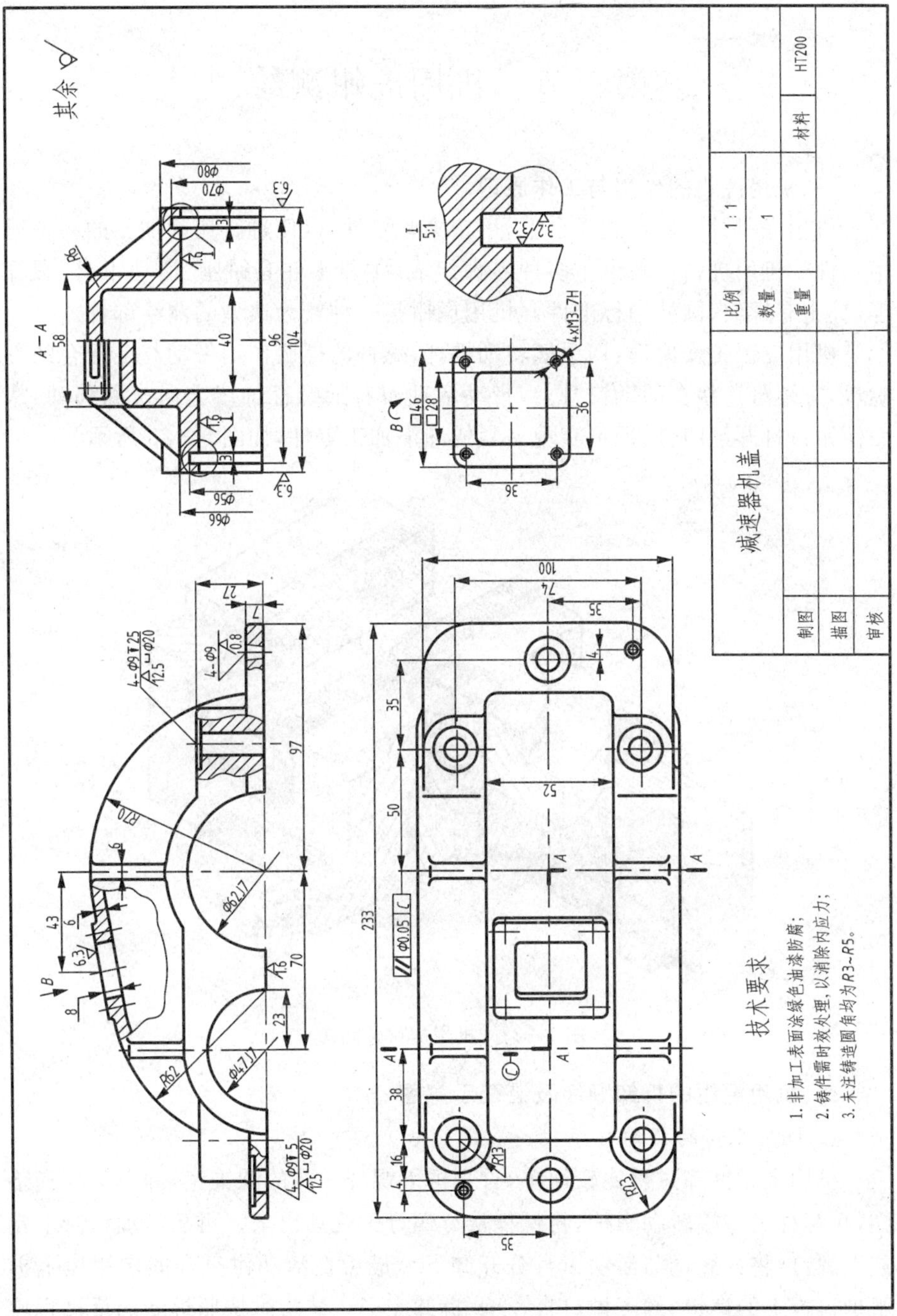

图 5-22 减速器机盖零件工作图

第三节　机用虎钳测绘

一、机用虎钳的作用与工作原理

机用虎钳是安装在工作台上,用于夹紧工件,以便进行切削加工的一种通用部件。机用虎钳一般由十多种零件组成,主要零件有钳座、活动钳身、螺杆等,其中有螺纹、圆柱销标准件。机用虎钳是一种较为典型的测绘部件。

机用虎钳工作原理:用手柄转动螺杆,螺杆的螺旋作用带动与之配合的方螺母,方螺母连接在活动钳身上,带动活动钳身沿螺杆轴线方向来回移动,从而使钳口打开与闭合,即可实现夹紧或卸下加工零件,如图5-23所示。

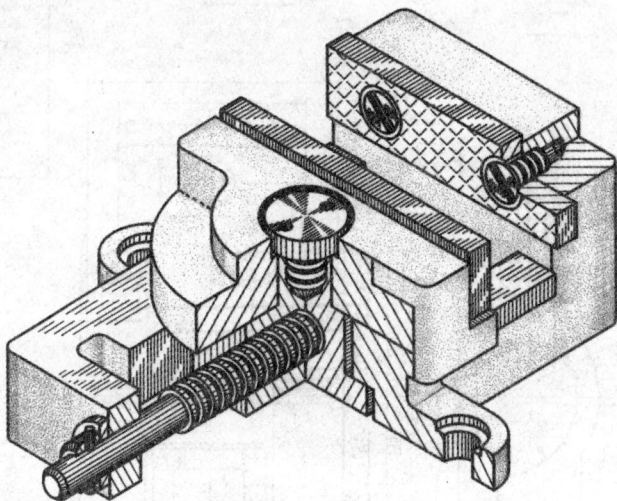

图 5-23　机用虎钳轴测图

二、机用虎钳的拆卸顺序及装配示意图

1. 机用虎钳的拆卸顺序

机用虎钳拆卸过程比较简单,首先拆下螺杆一端的圆锥销,卸下圆环和垫圈,在螺杆另一端转动螺杆,将螺杆从方螺母中旋动出来。再从活动钳身上端旋下螺钉,将方螺母与活动钳身分开卸下。最后在活动钳身和固定钳座上拆下护口板上的螺钉,卸下护口板,至此拆卸完毕。装配时按照拆卸的反过程操作即可。

2. 机用虎钳装配示意图

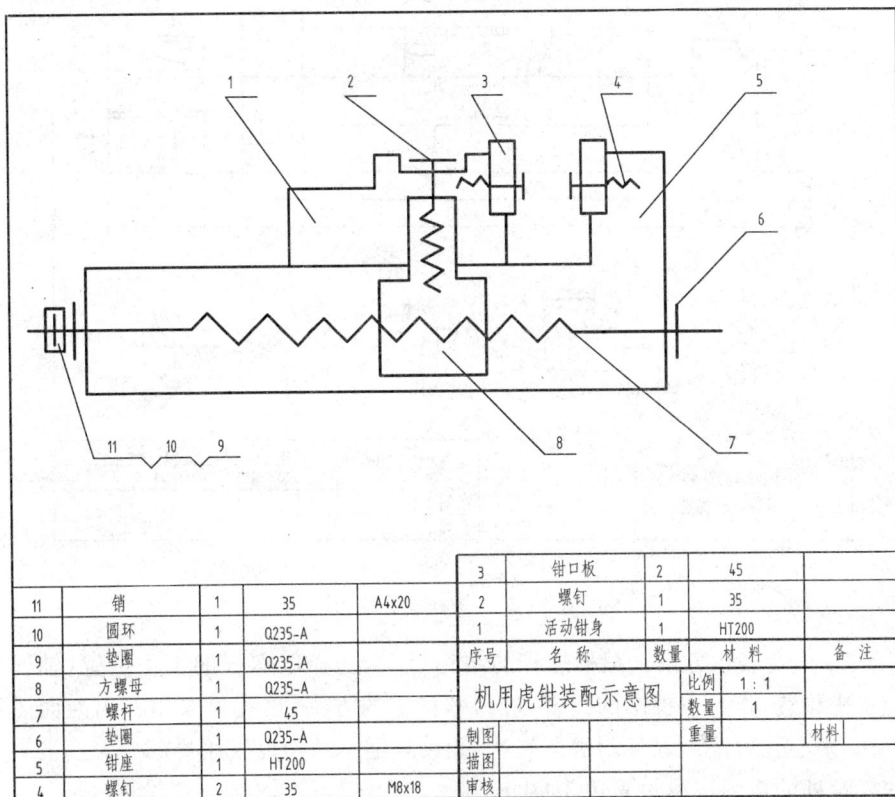

11	销	1	35	A4x20
10	圆环	1	Q235-A	
9	垫圈	1	Q235-A	
8	方螺母	1	Q235-A	
7	螺杆	1	45	
6	垫圈	1	Q235-A	
5	钳座	1	HT200	
4	螺钉	2	35	M8x18

3	钳口板	2	45	
2	螺钉	1	35	
1	活动钳身	1	HT200	
序号	名 称	数量	材 料	备 注

机用虎钳装配示意图

比例	1:1	
数量	1	
制图		重量		材料
描图	
审核	

图 5-24 机用虎钳装配示意图

三、机用虎钳零件草图测绘

1. 螺杆的草图测绘

(1)螺杆的作用与结构特点

螺杆是机用虎钳的主要零件,其作用是与方螺母配合,螺杆作螺旋运动时,方螺母带动活动钳身在固定钳座上来回运动。螺杆的结构特点是同轴回转体,在螺杆上常加工有销孔、矩形螺纹以及退刀槽、倒角等工艺结构。

螺杆的形状大小取决于钳座安装位置。

(2)螺杆草图画法

分析螺杆的结构特点后,要画出螺杆零件草图。如图 5-25 所示为螺杆的零件草图。

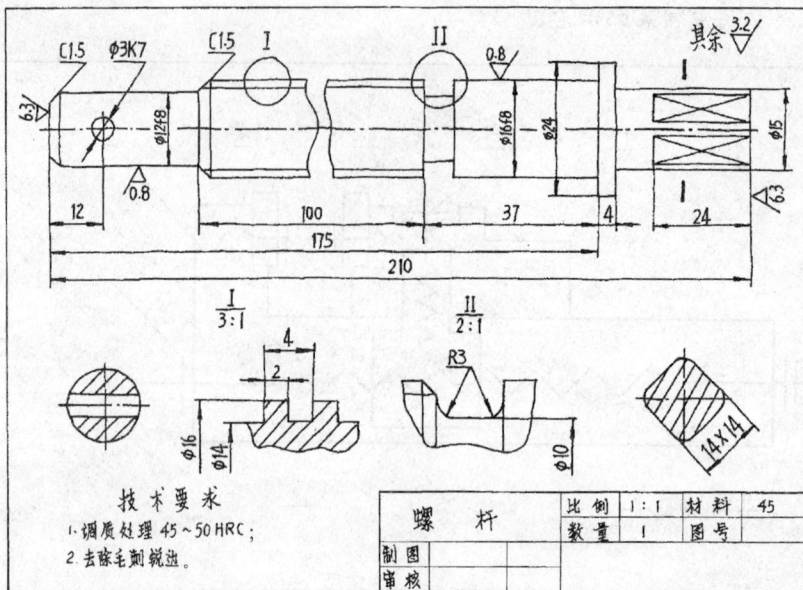

图 5-25 螺杆零件草图

① 确定表达方案。根据螺杆的结构特点,选择以螺杆的工作位置(轴线为水平位置)作为主视图的投影方向,螺杆上的方头、销孔可采用移出断面图表达,中心孔可采用局部剖视图表达,螺纹等细小结构可采用局部放大图来表达。螺杆的草图应尽量采用1:1比例。

② 标注零件尺寸。零件草图画好以后,应标注尺寸,首先分析确定尺寸基准。螺杆的轴向尺寸基准(长度尺寸基准)一般选择螺杆的定位端面(轴肩面)为主要基准,根据结构和工艺要求,选择轴的两头端面为辅助基准。轴的径向尺寸是以轴线为主要基准。

螺纹、销孔尺寸测出之后,要查表选取最接近的标准值,并按照规定标注方法进行标注。工艺结构如螺纹退刀槽、砂轮越程槽、倒角的尺寸尽量要按照常见结构标注方法进行标注或在技术要求中用文字说明,其他尺寸测出后要圆整。

螺杆与钳座上孔的配合尺寸精度要求较高,要采用游标卡尺或千分尺测量。凡轴与孔的配合尺寸,其基本尺寸应相同,各部分的尺寸应与其他相配合零件的关联尺寸一致。具体测量方法参看第二章零部件的尺寸测量。

③ 标注技术要求。螺杆是机用虎钳的主要零件,其尺寸精度、表面质量要求比较高,因此要标注相应的技术要求。

尺寸公差:螺杆两端与固定钳座的配合精度等级,一般选用 IT6～IT7 级,也可以直接标注极限偏差值。

形位公差:螺杆的形位公差一般不提出专门要求,如有要求的可参考表 5-3选用。

表面粗糙度:螺杆两端与钳座的配合表面一般选用 $R_a0.8$,螺纹和轴肩面选用 $R_a3.2$,其余各表面均可选用 $R_a6.3$。

材料与热处理:可用类比法参考同类型螺杆零件图选择材料和热处理方法,一般应采用 45 号钢,调质处理,以提高螺杆硬度。

2. 固定钳座的草图测绘

(1)固定钳座的作用与结构特点

固定钳座也是机用虎钳的主要零件,一是用来作为支承固定螺杆的座体,二是能够装入方螺母,并使方螺母带动活动钳身沿着钳座上导面来回移动。钳座实际就是一个座体,底部两端有两个支承轴孔,座体内空腔有工字槽,是为了装入方螺母,上面有导面,使得活动钳身在导面上滑动,凸起的部分开有螺孔,用螺钉连接护口板。钳座底部两侧对称设有两个安装螺栓孔。

(2)钳座的草图画法

钳座零件草图画法见图 5-26 所示,画法步骤如下:

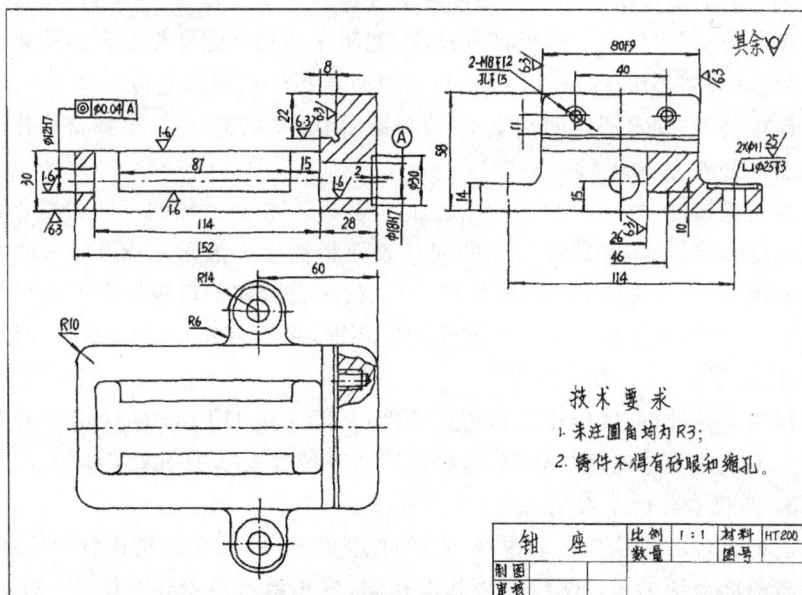

图 5-26 钳座零件草图

① 确定表达方案。钳座结构比较复杂,通常要选择三个基本视图。主视图的选择应按照工作位置时放置,选择外形特征较明显的一面作为投影方向,并选择沿对称面剖切的全剖视图表达内部结构。左视图采用沿安装孔轴线剖切的半剖视表达方法,将钳座空腔的断面结构和安装护口板的两个螺孔的分布情况表达清楚。俯视图主要是表达外形,加一局部剖视表达螺孔的深度。固定钳座是铸造零件,其铸造圆角、拔模斜度等铸造工艺结构都要表达清楚。铸造零件上常有砂眼、气孔等铸造缺陷,以及长期使用后造成的磨损和碰伤使得零件变形、缺损等,画草图时要修正恢复原形后表达清楚。

② 标注零件尺寸。首先要分析确定钳座长、宽、高三个方向的尺寸基准。钳座的长度方向尺寸基准应选择空腔内右表面作为主要基准;宽度尺寸方向的主要基准选择对称面;高度方向尺寸主要基准应选择钳座的底面。

零件上的螺纹尺寸测出之后,还要查阅相应的国家标准选用标准值。

钳座两端支承孔尺寸精度要求较高,其尺寸误差影响螺杆传动精度和工作性能,要采用游标卡尺或千分尺测量。凡轴与孔的配合尺寸,其基本尺寸应相同,各径向尺寸应与相配合零件的关联尺寸一致。

③ 标注技术要求。钳座零件上的尺寸公差、表面粗糙度、形位公差等技术要求可采用类比法参考同类型零件图选择。

尺寸公差:主要尺寸应保证其精度,如钳座两端和螺杆相配合的孔要标注尺寸公差,公差等级 IT7～IT8 级,也可以直接标注极限偏差值。

形位公差:固定钳座两端支承孔应标注同轴度位置公差,选择支承孔轴线为基准。公差为 $\phi0.04$。

表面粗糙度:加工表面应标注表面粗糙度,有相对运动的表面和结合表面其粗糙度要求较高,如螺杆与孔的配合表面粗糙度一般选用 $R_a1.6 \sim R_a3.2$,导面选用 $R_a1.6$,其他加工表面如螺栓孔、钳座底面和护口板结合面等粗糙度可选用 $R_a6.3 \sim R_a12.5$,未加工表面为毛坯面,可不作精度等级要求,但要进行标注。

材料与热处理:固定钳座是铸造零件,一般采用 HT200 材料(200 号灰铸铁),其毛坯应经过时效热处理,这些内容可在技术要求中用文字注写。

3. 其他零件的草图测绘

其他零件的测绘如活动钳身、方螺母、护口板等,由于结构比较简单,测绘方法与前面介绍的零件测绘方法基本相同,这里就不再赘述。图 5-27 所示是活动钳身零件草图,图 5-28 所示是方螺母零件草图。

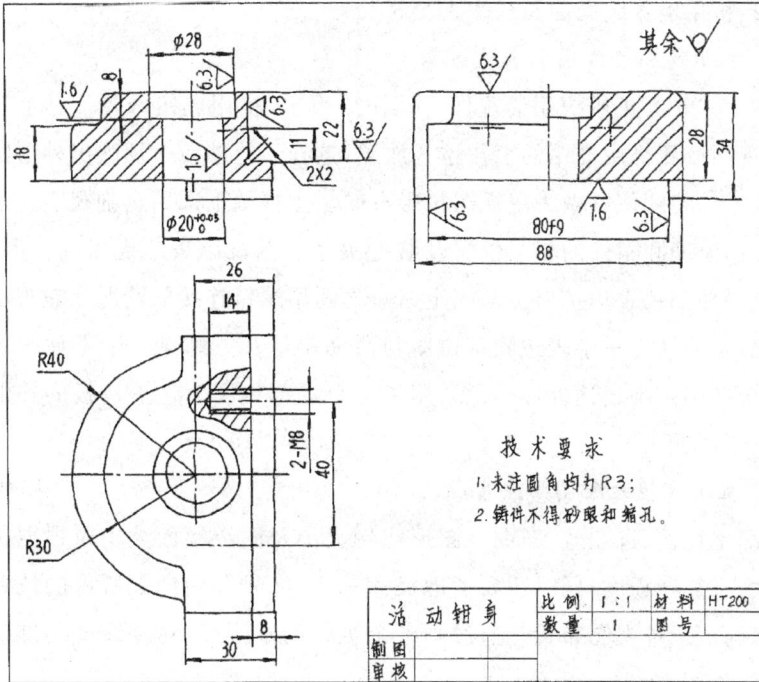

图 5-27　活动钳身零件草图

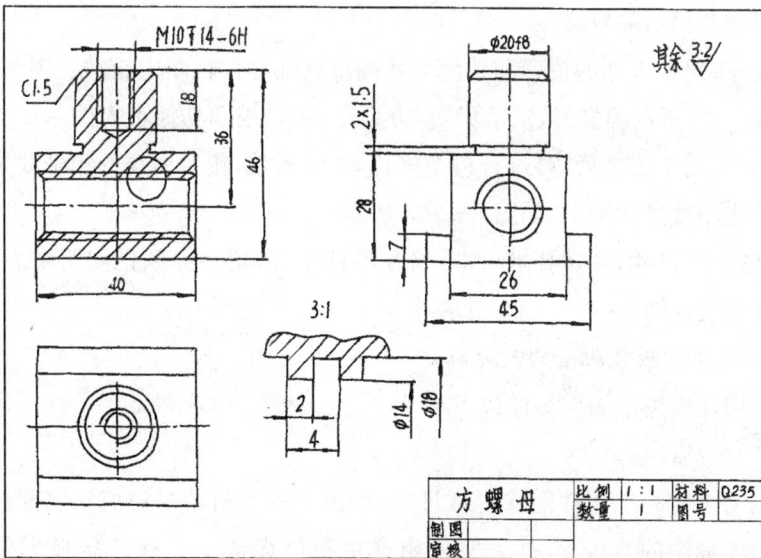

图 5-28　方螺母零件草图

四、机用虎钳装配图画法

1. 机用虎钳装配图的表达方案

图 5-29 为机用虎钳装配图。从图中看出,机用虎钳选择了三个基本视图,主视图按照机用虎钳的工作位置放置,选择了能够较多反映出外形特征和各组成零件装配位置做为主视图投影方向。主视图上采用全剖视表达机用虎钳的工作原理和零件的相互位置及装配关系。俯视图表达虎钳的外形,同时采用了局部剖视表达护口板与固定钳座之间用螺钉连接的情况。左视图采用半剖视,画剖视的一半表达固定钳座与活动钳身及方螺母三个零件间的连接关系,未剖的一半表达外形。还采用了一个局部视图表达护口板的外形及螺钉的分布情况。

2. 机用虎钳装配图画法步骤

(1)定比例、选图幅、布图。图形比例大小及图纸幅面大小应根据机用虎钳的大小、复杂程度,同时还要考虑尺寸标注、序号和明细表所占的位置综合考虑来确定。各视图布置是通过画各个视图的中心线、对称线或基准位置线来安排,如图 5-30a 所示。

(2)首先画主要零件或较大的零件视图轮廓线,如图 5-30b 所示,先画出固定钳座各视图的轮廓线。

(3)按照各零件的位置和装配关系画出其他零件视图的轮廓及细部结构,如图 5-30c 所示画螺杆、活动钳身、方螺母、护口板和其他小零件。

(4)画完视图之后,要进行检查修正,确定无误,按照图线的粗细要求和规格类型将图线描深加粗,如图 5-30d 所示。

(5)标注尺寸,注写技术要求,编写零件序号,填写标题栏和明细表,完成机用虎钳装配图,如图 5-29 所示。

3. 机用虎钳装配图的尺寸标注

机用虎钳装配图应标注以下尺寸:

(1)性能尺寸

机用虎钳的工作性能或规格尺寸,如图 5-29 所示机用虎钳装配图的主视图中所标注的 0~70,是表明机用虎钳护口板从闭合到开启最大位置的尺寸。

序号	名称	数量	材料	备注
11	垫圈	1	35	
10	螺钉 M8X18	4	A3	GB/T68-1985
9	螺杆	1	35	
8	螺母	1	A3	
7	销 A Φ4x20	1	35	GB/T·17-1986
6	垫圈	1	A3	
5	环	1	35	
4	活动钳身	1	HT150	
3	螺钉	1	A3	
2	护口片	2	35	
1	固定钳身	1	HT150	

共1张

比例 　　　数量

机用虎钳

制图

审核

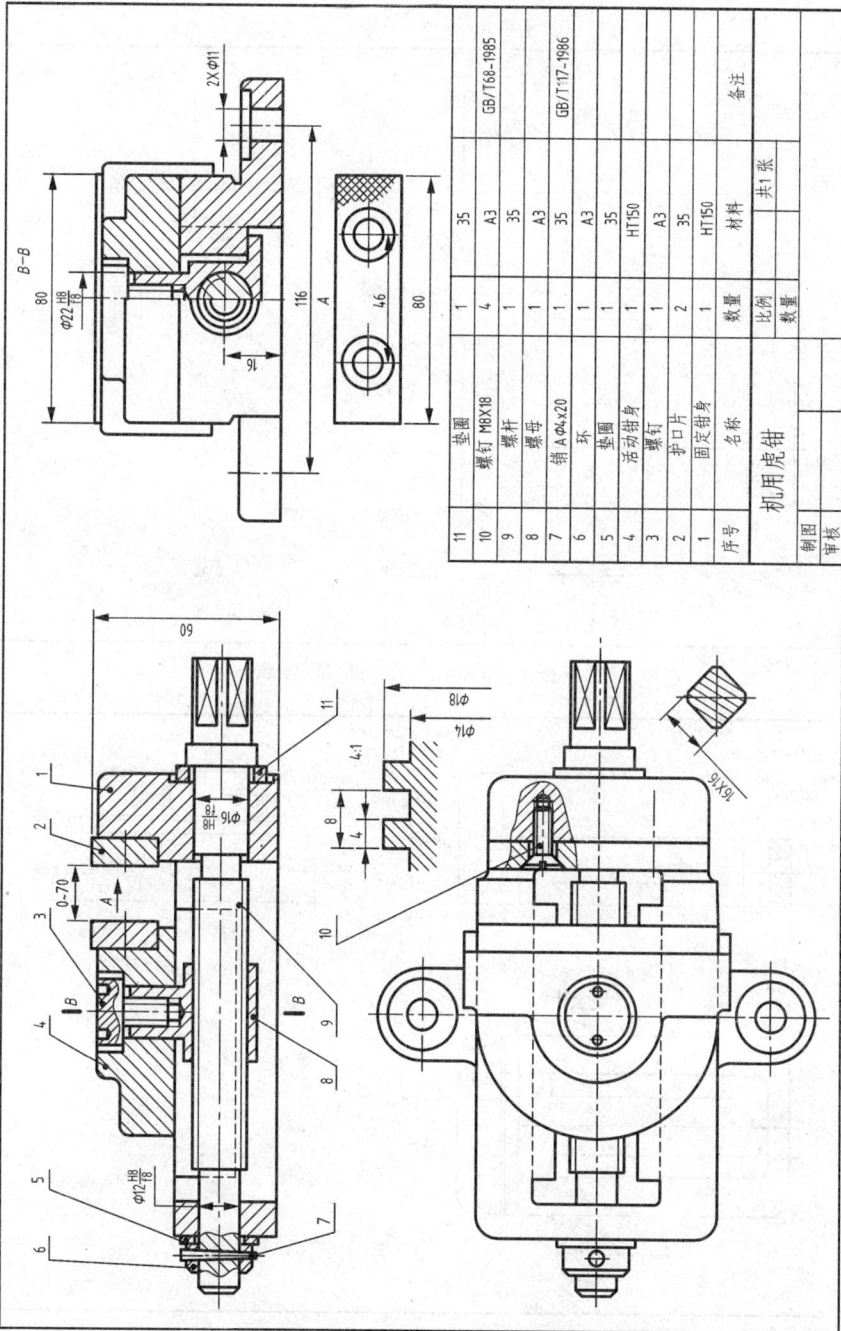

图 5-29　机用虎钳装配图

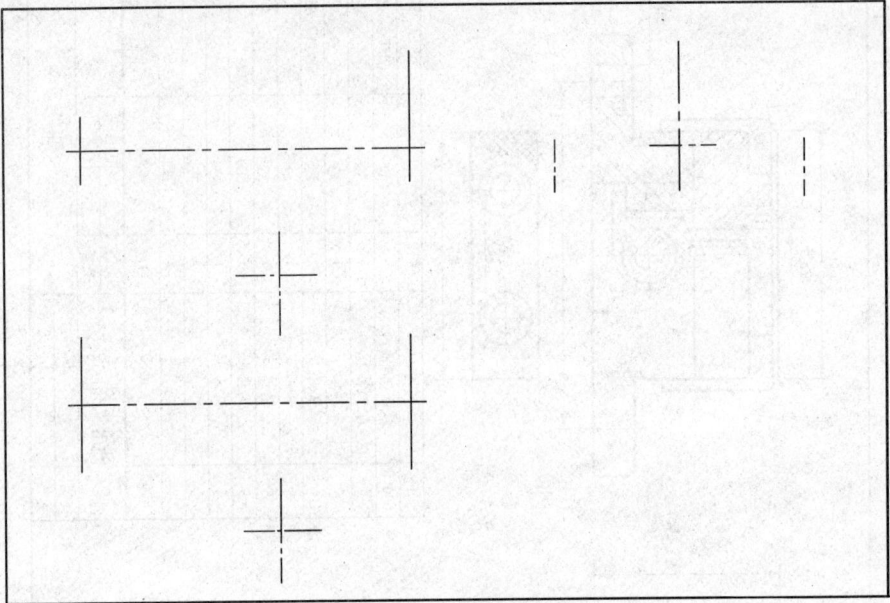

a) 画各视图轴线、对称线和基准位置线

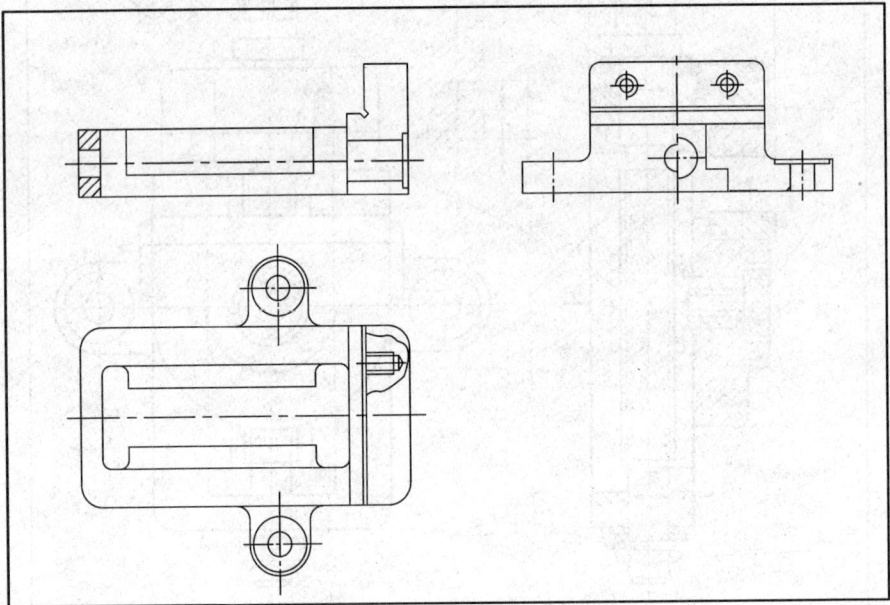

b) 画钳座各视图轮廓线

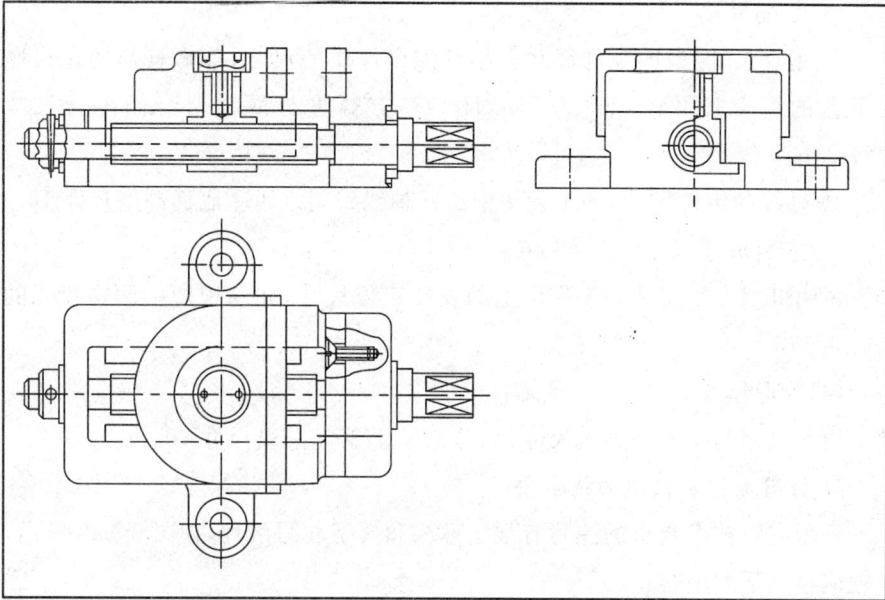

c) 画其它各零件视图轮廓线

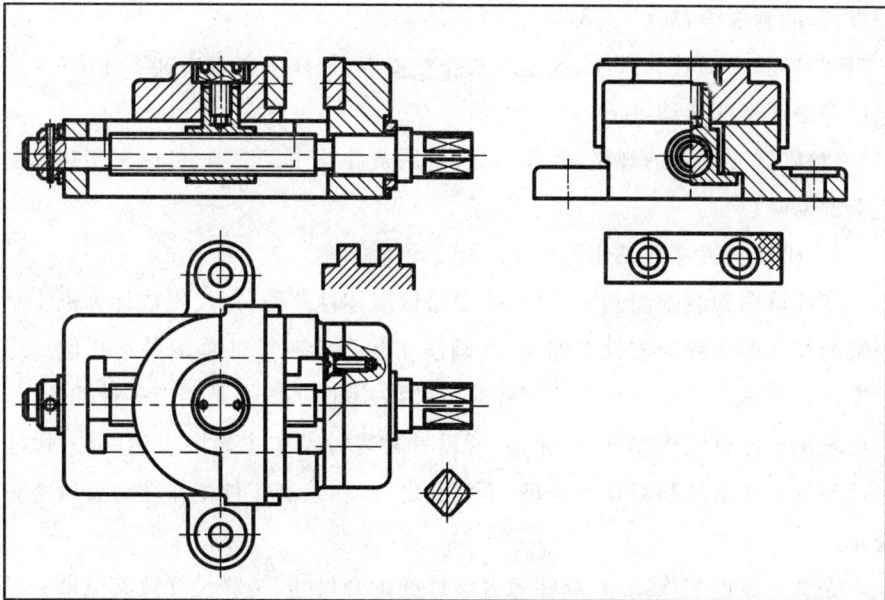

d) 画局部视图、断面图，描粗描深图线,画剖面线

图 5－30　机用虎钳装配图画图步骤

(2)装配尺寸

① 配合尺寸：说明零件尺寸大小及配合性质的尺寸，如螺杆与固定钳座支承孔的配合尺寸$\phi16H8/f8$、$\phi12H8/f8$，方螺母与活动钳身的配合尺寸$\phi22H8/h7$。

② 轴线的定位尺寸：如主视图中螺杆轴线到固定钳座底面高度尺寸16。

(3)安装尺寸

说明机用虎钳安装到工作台上的安装定位尺寸，如左视图中两螺栓孔的中心距116。

(4)外形尺寸

说明机用虎钳外形最大尺寸，如总长尺寸205，总高尺寸60。

4. 机用虎钳装配图的技术要求

机用虎钳技术要求的注写有规定标注和文字注写两种，如图5-29所示，一般应包括下列内容：

(1)在装配过程中应满足配合要求的尺寸，如配合尺寸的基本偏差、精度等级、基准制度等，如$\phi16H8/f8$、$\phi12H8/f8$。

(2)检验或试验的条件、规范以及操作要求，如技术要求中文字注明的"装配后应保证螺杆转动灵活"。

(3)机器或部件的规格、性能参数、使用条件及注意事项，可用文字在标题栏上方说明。

五、机用虎钳零件工作图画法

零件草图和装配图画完之后，主要是依据零件草图，用尺规或计算机绘制出来的零件图样称为零件工作图，其画法步骤和绘制零件草图基本相似。绘制零件工作图不是简单地抄画零件草图，因为零件工作图是制造零件的依据，它要求比零件草图更加准确、完善，所以针对零件草图中视图表达方法、尺寸标注和技术要求注写存在不合理、不完整之处，在绘制零件工作图时要调整和修正。

在绘制零件工作图中，要注意各零件的配合尺寸、关联尺寸及其他重要尺寸应保持一致，要反复认真检查校核，以保证零件工作图内容的完整、正确。如图5-31、图5-32、图5-33、图5-34所示的机用虎钳各零件工作图。

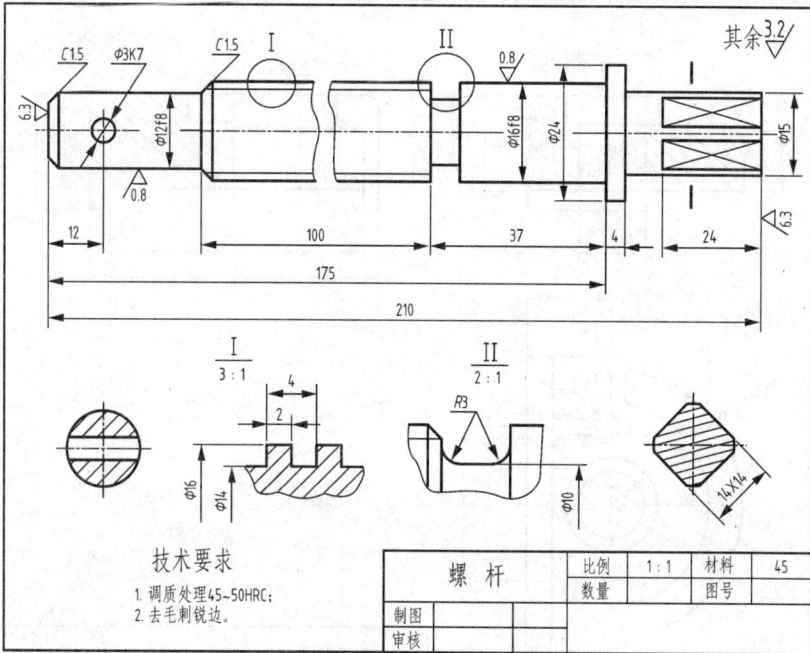

图 5－31　螺杆零件工作图

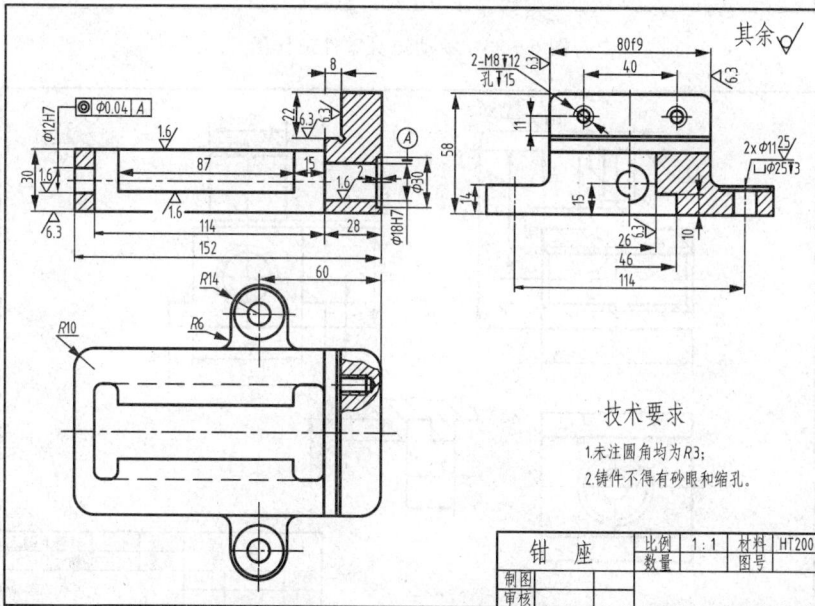

图 5－32　钳座零件工作图

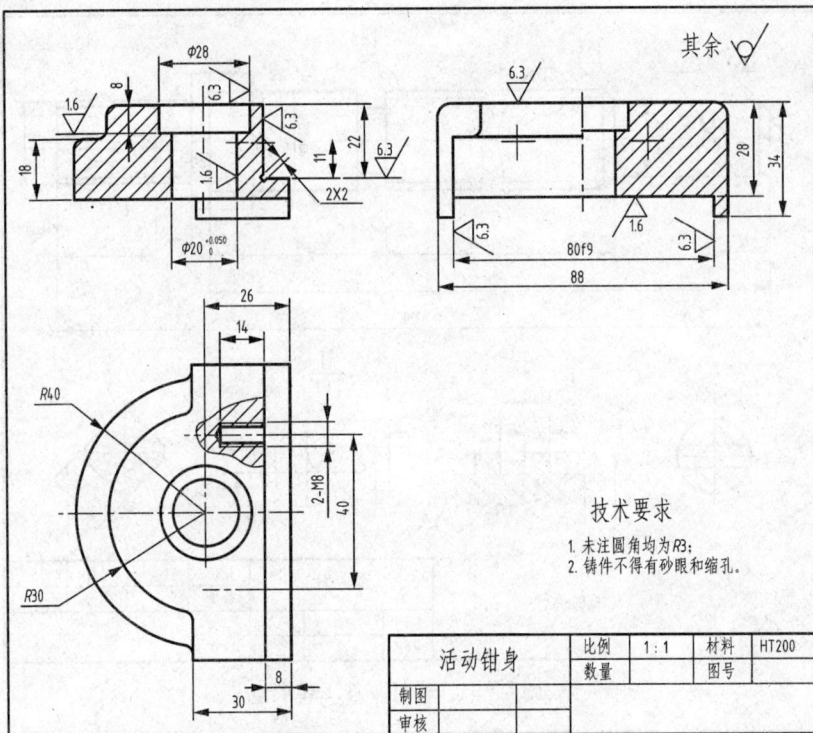

图 5-33 活动钳身零件工作图

技术要求

1. 未注圆角均为R3;
2. 铸件不得有砂眼和缩孔.

活动钳身	比例	1:1	材料	HT200
	数量		图号	
制图				
审核				

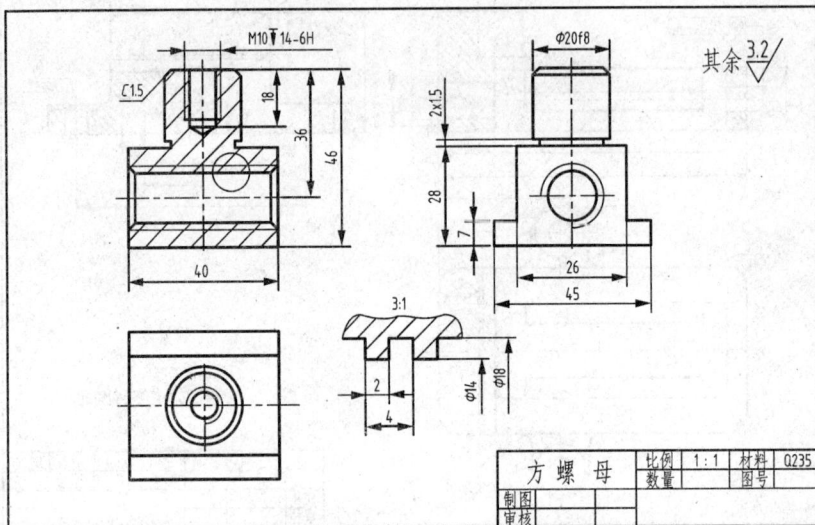

方 螺 母	比例	1:1	材料	Q235
	数量		图号	
制图				
审核				

图 5-34 方螺母零件工作图

第四节　滑动轴承测绘

一、滑动轴承的作用及结构分析

　　滑动轴承是用来支承轴的一个部件,它的主体部分是轴承座、轴承盖和轴衬。为减少轴在轴承孔内转动时的摩擦阻力,在轴承座与轴承盖之间装有铜合金轴衬,并通过轴承盖上安装的油杯注入润滑油,以便减少轴、孔间的摩擦力。轴衬由上下两半组成,中间开有油槽。轴承座和轴承盖用一对螺栓联接在一起。为了调整轴衬与轴配合的松紧,轴承座与轴承盖之间留有一定的间隙,如图 5-35 所示。

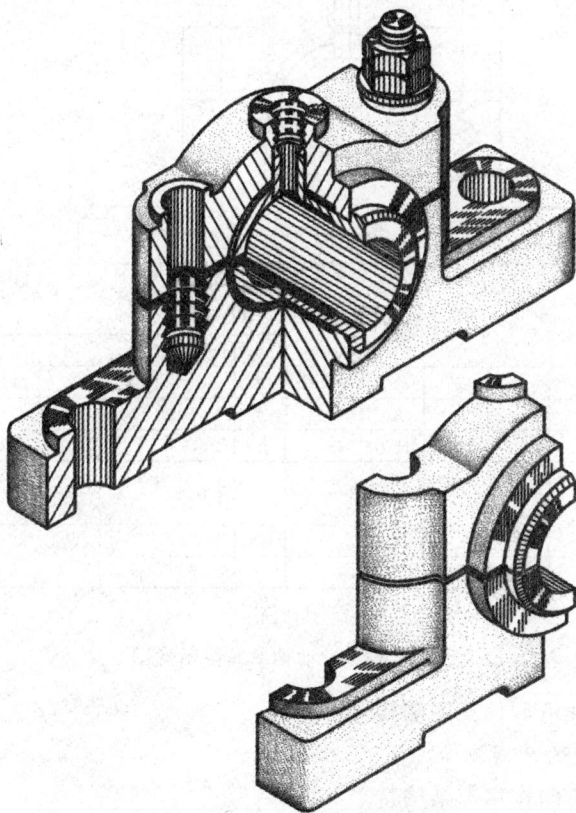

图 5-35　滑动轴承轴测图

二、滑动轴承的拆卸顺序及装配示意图

1. 滑动轴承的拆卸顺序

由于滑动轴承的零件较少,拆卸过程比较简单,先拆去轴承盖顶端的油杯,油杯与轴承盖用螺纹连接,旋下即可。再拆下用来连接轴承座和轴承盖的两个螺栓,将轴承盖与轴承座分开后,最后拆下轴衬。

2. 装配示意图画法

如图 5 - 36 所示为滑动轴承装配示意图。

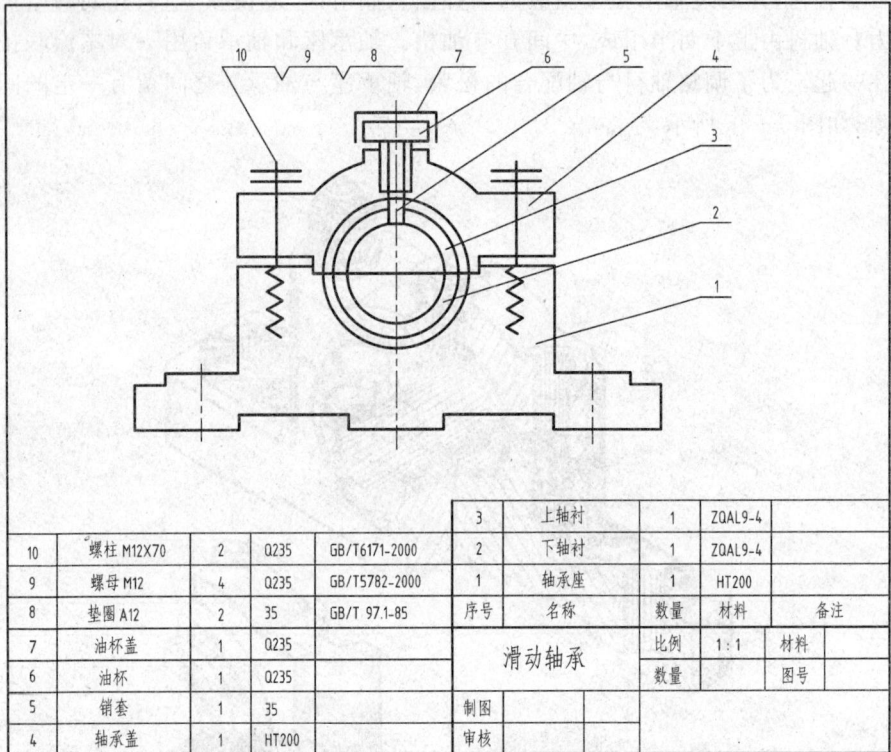

序号	名称	数量	材料	备注
10	螺柱 M12X70	2	Q235	GB/T6171-2000
9	螺母 M12	4	Q235	GB/T5782-2000
8	垫圈 A12	2	35	GB/T 97.1-85
7	油杯盖	1	Q235	
6	油杯	1	Q235	
5	销套	1	35	
4	轴承盖	1	HT200	
3	上轴衬	1	ZQAL9-4	
2	下轴衬	1	ZQAL9-4	
1	轴承座	1	HT200	

滑动轴承　比例 1:1　材料　数量　图号　制图　审核

图 5 - 36　滑动轴承装配示意图

三、滑动轴承零件草图测绘

1. 轴承座的草图测绘

(1)轴承座的作用与结构特点

轴承座是滑动轴承的主要零件,一是用来作为支承固定轴的座体,二是在对称处加工有半圆槽,为的是能够装入轴衬。座体上面左右两边加工有两个

螺纹孔,是用来与轴承盖联接,底座上加工有两个圆孔,通过螺栓将其固定在机座上。

(2)轴承座的草图画法

如图 5-37 所示为轴承座零件草图。

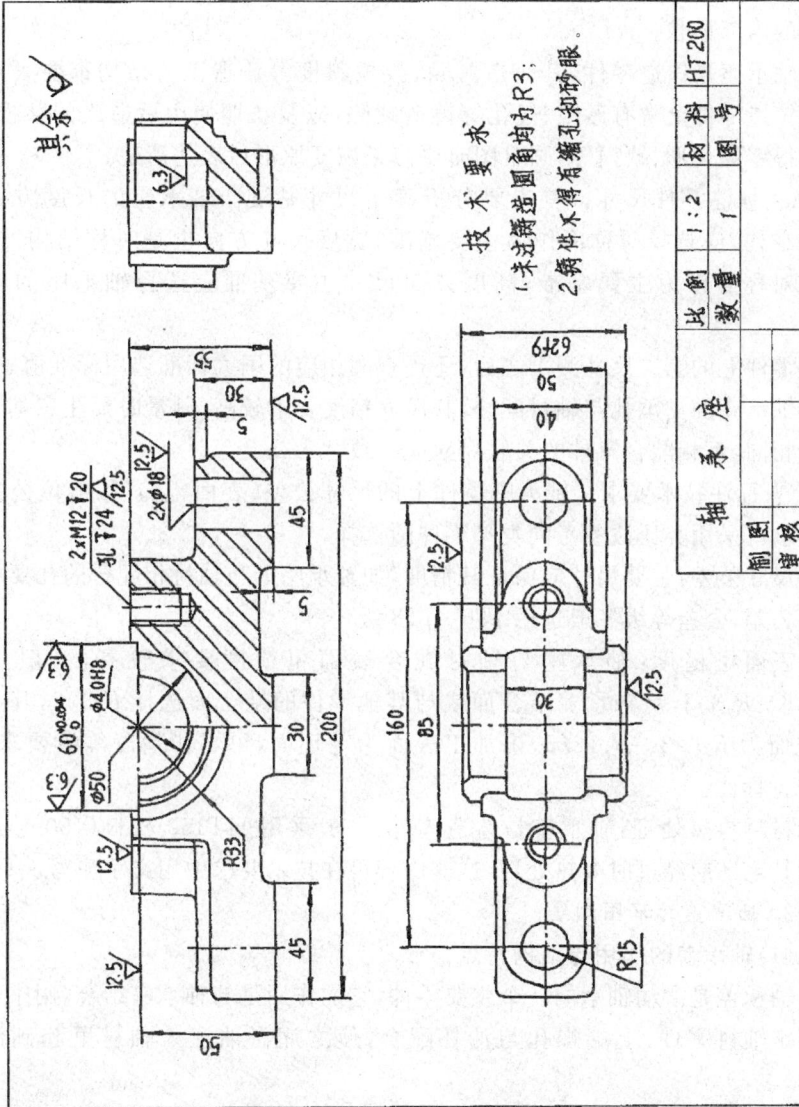

图 5-37　轴承座零件草图

① 确定表达方案。轴承座通常要选择二至三个基本视图。主视图的选择应按照工作位置状态放置,以及表现轴承座形状特征较明显的一面作为投影方向,并选择沿着螺纹孔的轴线剖切画半剖视图。所画出的主视图就可以清楚地表达轴承座的形状结构特征以及各结构的相对位置关系。对于轴承座宽度方向的形状结构,则应选择俯视图表达。左视图可选择全剖视,以表达轴衬孔的内部形状。

轴承座是铸造零件,其铸造圆角、拔模斜度等铸造工艺结构都要表达清楚。铸造零件上常有砂眼、气孔等铸造缺陷,以及长期使用后造成的磨损、碰伤使得零件变形、缺损等,画草图时要修正恢复原形后表达清楚。

② 标注零件尺寸。首先要分析确定尺寸基准。轴承座的长度方向是对称结构,应选择对称面作为主要基准;宽度尺寸方向也是对称结构,也应选择对称面作为主要基准;高度方向尺寸主要基准应选择轴承座的安装底面。

零件上的螺纹尺寸测出之后,还要查阅相应的国家标准选用标准值。

轴承座的支承孔与轴衬配合,其尺寸精度要求较高,测量时要注意基本尺寸应相同,互相配合零件的关联尺寸应一致。

③ 标注技术要求。轴承座零件上的尺寸公差、表面粗糙度、形位公差技术要求可采用类比法参考同类型零件图选择。

尺寸公差:主要尺寸应保证其精度,如轴承座上与轴衬相配合的孔要标注尺寸公差,公差等级一般选用 IT6~IT8 级。

表面粗糙度:轴承座与轴衬配合表面粗糙度要求较高,一般选用 $R_a1.6$~$R_a3.2$,与轴承盖结合面或与其他零件的结合面选择 $R_a3.2$,其余加工表面为 $R_a6.3$~$R_a12.5$,未加工表面为毛坯面,可不作精度等级要求,但要进行标注。

材料与热处理:轴承座是铸造零件,一般采用 HT150 材料(150 号灰铸铁),其毛坯应经过时效热处理,这些内容可在技术要求中用文字注写。

2. 轴承盖的草图测绘

(1)轴承盖的作用与结构特点

轴承盖是滑动轴承的一个主要零件,它的作用是与轴承座结合,用来支承和固定轴衬零件,上端螺孔与油杯配合,使之润滑油注入轴衬里起到润滑作用。

轴承盖是对称结构形体,左右两边各有一个螺栓孔,用来与轴承座联接,顶端中间有一安装油杯的螺纹孔。

（2）轴承盖的草图画法

如图 5－38 所示为轴承盖零件草图。

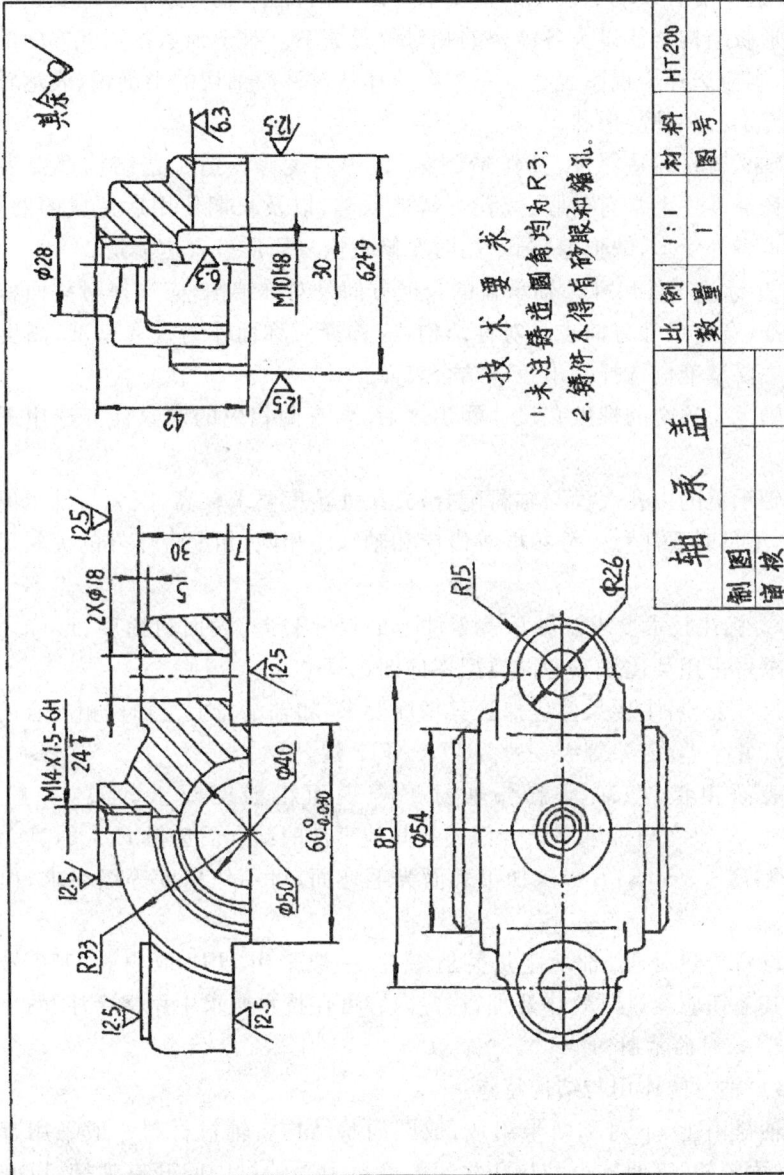

图 5-38　轴承盖零件草图

① 确定表达方案。轴承盖可选择二～至个基本视图。主视图的选择应按照工作位置状态放置,以及表现轴承盖形状特征较明显的一面作为投影方向,并选择沿着顶端螺纹孔的轴线剖切画半剖视图,就可以清楚地表达轴承盖内外形状结构特征以及各结构的相对位置关系。对于轴承盖宽度方向的形状结构,则应选择俯视图表达。左视图选择从对称面剖切的半剖视,表达轴承盖的内部形状和外部形状。

轴承盖是铸造零件,其铸造圆角、拔模斜度等铸造工艺结构都要表达清楚。铸造零件上常有砂眼、气孔等铸造缺陷,以及长期使用后造成的磨损、碰伤使得零件变形、缺损等,画草图时要修正恢复原形后表达清楚。

② 标注零件尺寸。轴承盖的长度方向是对称结构,应选择对称面作为主要基准;宽度尺寸方向也是对称结构,应选择对称面作为主要基准;高度方向尺寸主要基准应选择轴承盖的结合表面。

轴承盖顶端的螺纹孔尺寸测出之后,要查阅相应的国家标准选用螺纹标准值。

轴承盖的内孔表面与轴衬配合,其尺寸精度要求较高,因为与轴承座联接配合,测量时要注意尺寸精度等级应和轴承座相同,相配合零件的关联尺寸应一致。

③ 标注技术要求。轴承盖零件上的尺寸公差、表面粗糙度、形位公差技术要求可采用类比法参考同类型零件图选择。

尺寸公差:主要尺寸应保证其精度要求,如轴承盖上与轴衬相配合的孔要标注尺寸公差,公差等级一般为 IT6～IT8 级。

表面粗糙度:轴承盖与轴衬配合表面粗糙度要求较高,一般选用 $R_a1.6$～$R_a3.2$,与轴承座结合面或与其他零件的结合面选择 $R_a3.2$,其余加工表面为 $R_a6.3$～$R_a12.5$,未加工表面为毛坯面,可不作精度等级要求,但要进行标注。

材料与热处理:轴承座是铸造零件,一般采用 HT150 材料(150 号灰铸铁),其毛坯应经过时效热处理,这些内容可在技术要求中用文字注写。

3. 轴衬的草图测绘

(1)轴衬的作用与结构特点

轴衬由上、下对称两半组成,成圆筒状结构。轴衬材料一般采用青铜合金,材质较软,以便减少轴与孔之间的摩擦力。轴衬中间开有油槽,以利于润滑油从油槽里流过,起到润滑作用。

(2)轴衬的草图画法

如图5-39所示为轴衬零件草图。

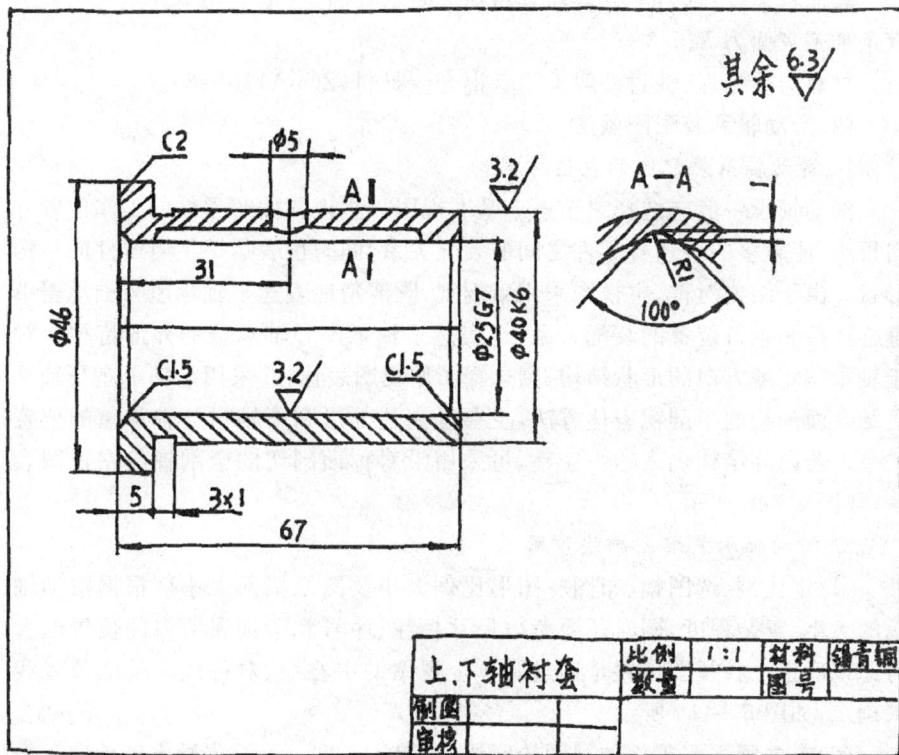

图5-39 轴衬零件草图

① 确定表达方案。轴衬可选择一至二个基本视图。主视图的选择应按照工作位置放置,(以轴线水平方向)投影画图、并选择沿轴线剖切画全剖视图。其内部结构表达不清楚的地方,如油槽可采用以径向方向投影视图或局部放大图来表达。

② 标注零件尺寸。轴衬的轴向尺寸(长度方向)应选择轴衬端面作为主要基准;径向尺寸选择中轴线作为主要基准;

轴衬的内外表面与都是配合表面,其尺寸精度要求较高,测量时要注意基本尺寸、精度等级应和轴承座、轴承盖相配合的尺寸一致。

③ 标注技术要求。轴衬上的尺寸公差、表面粗糙度、形位公差技术要求可采用类比法参考同类型零件图选择。

尺寸公差:主要尺寸应保证其尺寸精度,如轴衬外径要标注尺寸公差,公差等级为 IT6～IT8 级,轴衬内径尺寸公差等级应选择 IT6～IT7 级。

表面粗糙度:轴衬配合表面其粗糙度要求较高,一般选用 $R_a1.6$～$R_a3.2$,其余加工表面为 $R_a6.3$。

材料与热处理:轴衬一般采用青铜合金材料(ZCuA110Fe3)。

四、滑动轴承装配图画法

1. 滑动轴承装配图的表达方案

滑动轴承一般应选择二至三个基本视图。主视图按照零件的工作位置方向投影,能较多的表达各零件之间的装配关系,同时也表达了主要零件的结构形状。由于结构对称,主视图采用半剖视,既清楚地表达了轴承座与轴承盖由螺栓连接和止口位置的装配关系,也表达了轴承座和轴承盖的外形特征。对于轴承座宽度方向的形状结构,则选择了俯视图表达,并采用沿轴承座与轴承盖结合面剖切的半剖视表达方法,主要是表达外形和下轴衬与轴承座的位置关系。若内外结构仍表达不完整,可采用沿对称面剖切的全剖视的左视图表达,如图 5－40 所示。

2. 滑动轴承装配图画法步骤

(1)定比例、选图幅、布图。图形比例大小及图纸幅面大小应根据滑动轴承的大小、复杂程度,同时还要考虑尺寸标注、序号和明细表所占的位置综合考虑来确定。各视图位置是通过画各个视图的中心线、对称线或基准位置线来确定,如图 5－41a 所示

(2)首先画主要零件的视图轮廓线,如图 5－41b 所示,先画出轴承座各视图的轮廓线。

(3)按照各零件的位置和装配关系画出装配后其他零件视图轮廓,如图 5－41c 所示画出轴承盖、轴衬、连接螺柱、油杯等零件视图轮廓线。

(4)再画出装配图各细部结构后,最后进行检查修正,确定无误,按照图线的粗细要求和规格类型将图线描深加粗,如图 5－41d 所示。

(5)标注尺寸,注写技术要求,编写零件序号,填写标题栏和明细表,完成滑动轴承装配图,如图 5－40 所示。

3. 滑动轴承装配图的尺寸标注

滑动轴承装配图应标注以下尺寸:

(1)性能尺寸

表示性能和规格大小尺寸,如图 5－40 所示滑动轴承装配图中标注的 $\phi35H7$,表明该轴承只能与直径为 $\phi35$ 的轴装配使用。

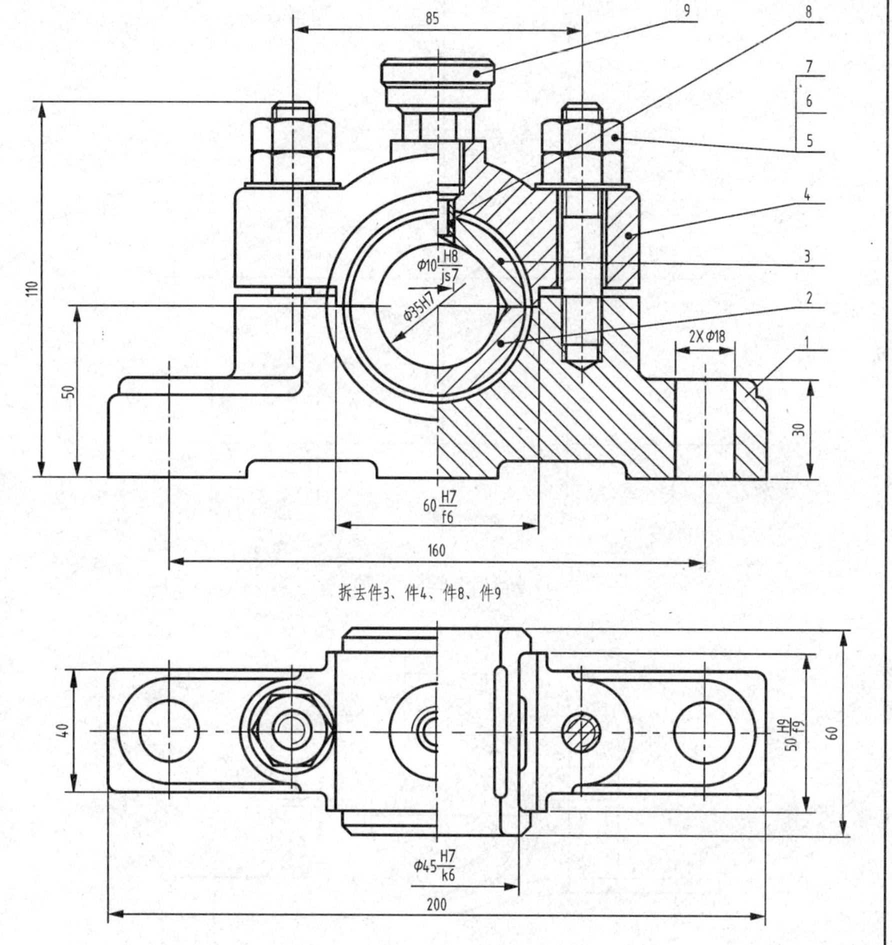

拆去件3、件4、件8、件9

技术要求

1. 调整试转后, 零件用煤油清洗, 工作面涂一层薄干油;

2. 上下轴衬与轴承座及轴承盖之间应保证接触良好;

3. 轴承工作温度应低于120°。

序号	名称	数量	材料	备注
9	油杯	1	Q235	
8	销套	1	45	
7	螺母 M12	4	Q235	GB/T 6171-2000
6	螺柱 M12X70	2	Q235	GB/T 5782-2000
5	垫圈 12	2	35	GB/T 97.1-85
4	轴承盖	1	HT150	
3	上轴衬	1	ZCuAL10Fe3	
2	下轴衬	1	ZCuAL10Fe3	
1	轴承座	1	HT150	
序号	名称	数量	材料	备注

滑动轴承 比例 1:1 共1张

制图 审核

图 5-40 滑动轴承装配图

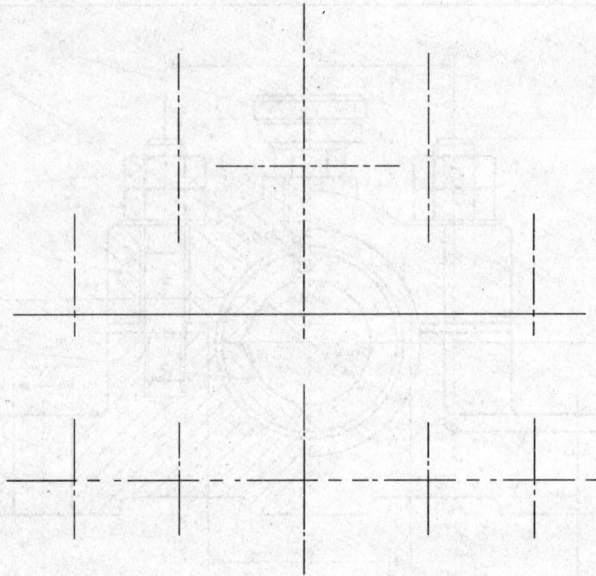

a）画视图中心线、基准线

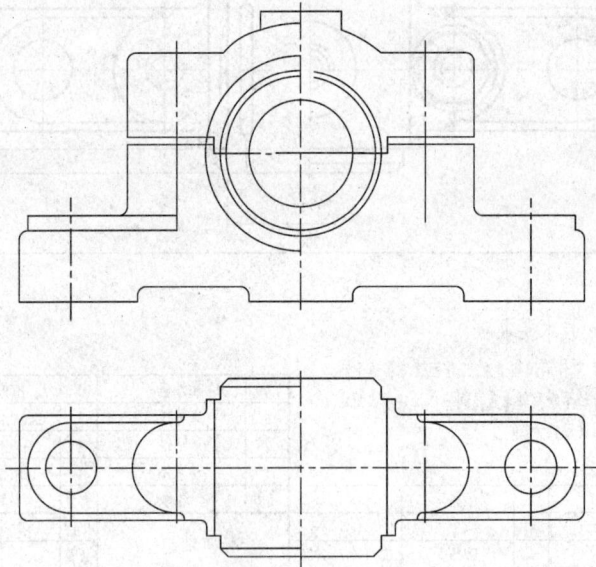

b）画轴承座、轴承盖

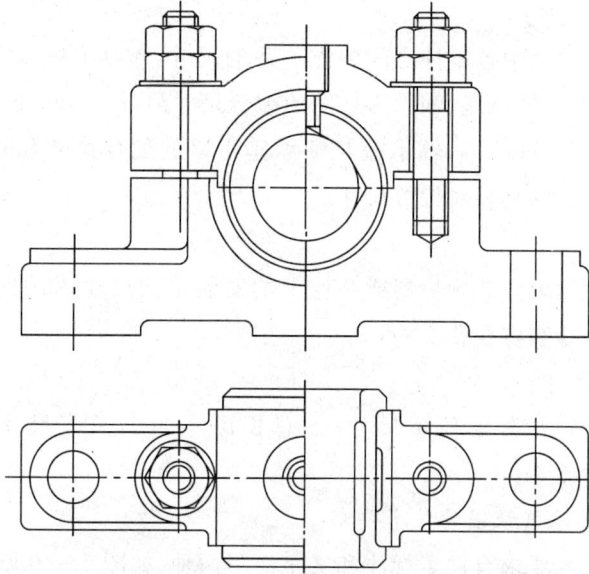

c)画衬套、轴瓦、螺柱、螺帽

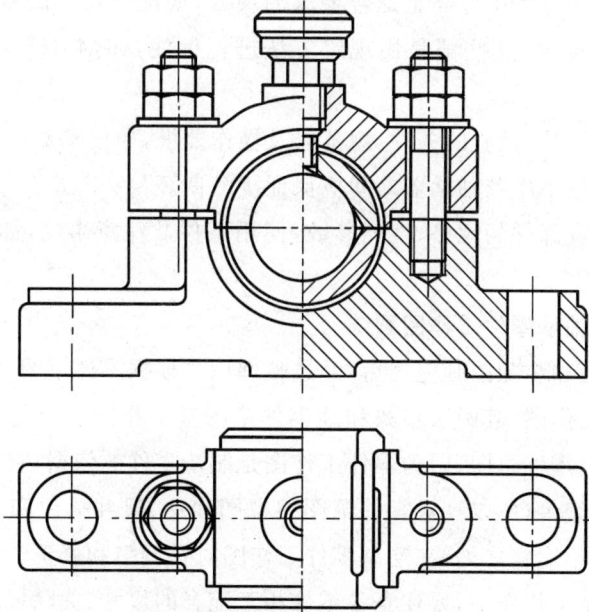

d）画细部结构、油杯、剖面线，描粗图线

图 5-41　滑动轴承装配图画图步骤

（2）装配尺寸

表示滑动轴承中各零件之间装配关系的尺寸,包括有配合尺寸和相对位置尺寸,如轴衬与轴承座、轴承盖之间的配合尺寸$\phi45H7/k6$,油杯与上轴衬油孔的配合尺寸$\phi10H8/js7$,轴承盖与轴承座止口的配合尺寸$\phi60H7/f6$。两螺柱中心距85 ± 0.3是相对位置尺寸。

（3）安装尺寸

表示滑动轴承安装到机器或基座上的安装定位尺寸,如轴承座上两螺栓孔的中心距160和螺栓孔$2\times\phi18$。

（4）外形尺寸

表示滑动轴承外形轮廓尺寸,如总长尺寸200,总高尺寸110,总宽尺寸60。

4. 滑动轴承装配图的技术要求

装配图技术要求有规定标注和文字注写两种,如图5-40所示,应包括下列内容:

（1）在装配过程中应满足配合要求的尺寸,如配合尺寸的基本偏差、精度等级、基准制度等,这些都是用规定方法进行标注,如$\phi45H7/k6$、$\phi10H8/js7$等。

（2）用来检验、试验的条件、规范以及操作要求,如技术要求中文字注明的"上下轴衬与轴承座及轴承盖之间应保证接触良好"。

（3）机器或部件的规格、性能参数,使用条件及注意事项,如"轴承工作温度应低于120°"。

五、滑动轴承零件工作图画法

零件草图和装配图画完之后,经过整理后再根据零件草图,用尺规或计算机绘制零件工作图,其画法步骤和画零件草图基本相同。绘制零件工作图不是简单地抄画零件草图,因为零件工作图是制造零件的依据,它比零件草图要求更加准确、完善,所以针对零件草图中视图表达、尺寸标注和技术要求注写存在不合理、不完整之处,在绘制零件工作图时要调整和修正。

绘制零件工作图中,要注意各零件相互配合的尺寸、关联尺寸及其他重要尺寸应保持一致,要反复认真检查校核,以保证零件工作图内容的完整、正确。如图5-42、图5-43、图5-44所示为滑动轴承各零件工作图。

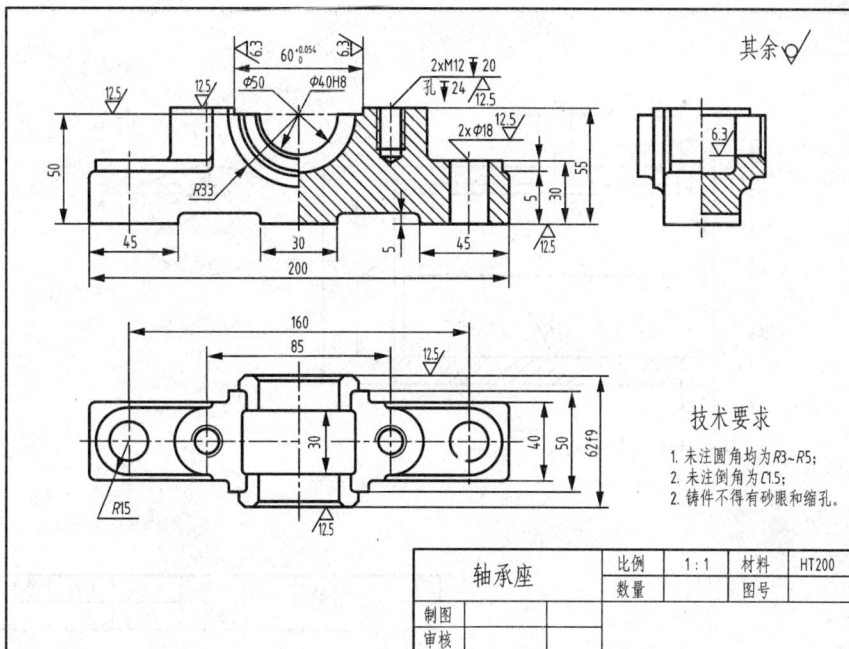

图 5-42　轴承座零件工作图

其余 ✓

技术要求
1. 未注圆角均为R3~R5；
2. 未注倒角为C1.5；
2. 铸件不得有砂眼和缩孔。

轴承座	比例	1:1	材料	HT200
	数量		图号	
制图				
审核				

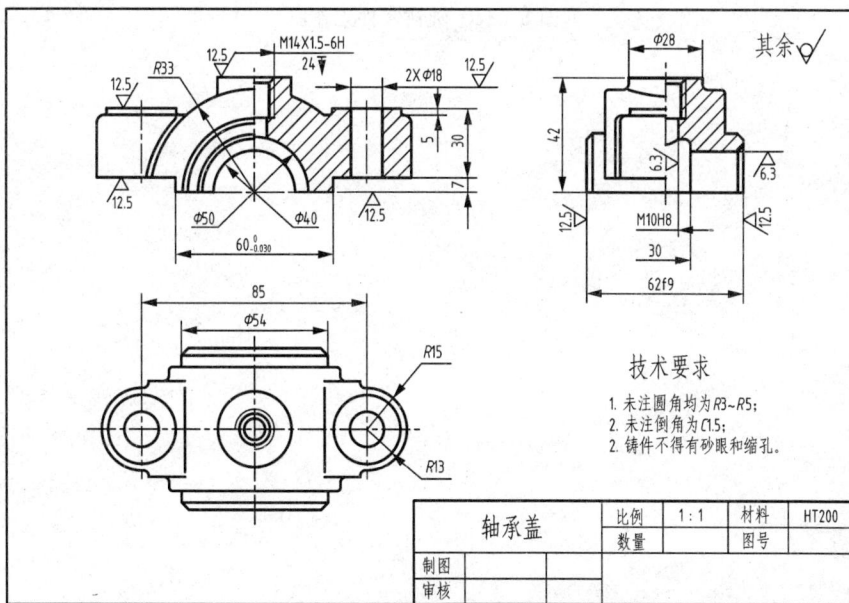

图 5-43　轴承盖零件工作图

其余 ✓

技术要求
1. 未注圆角均为R3~R5；
2. 未注倒角为C1.5；
2. 铸件不得有砂眼和缩孔。

轴承盖	比例	1:1	材料	HT200
	数量		图号	
制图				
审核				

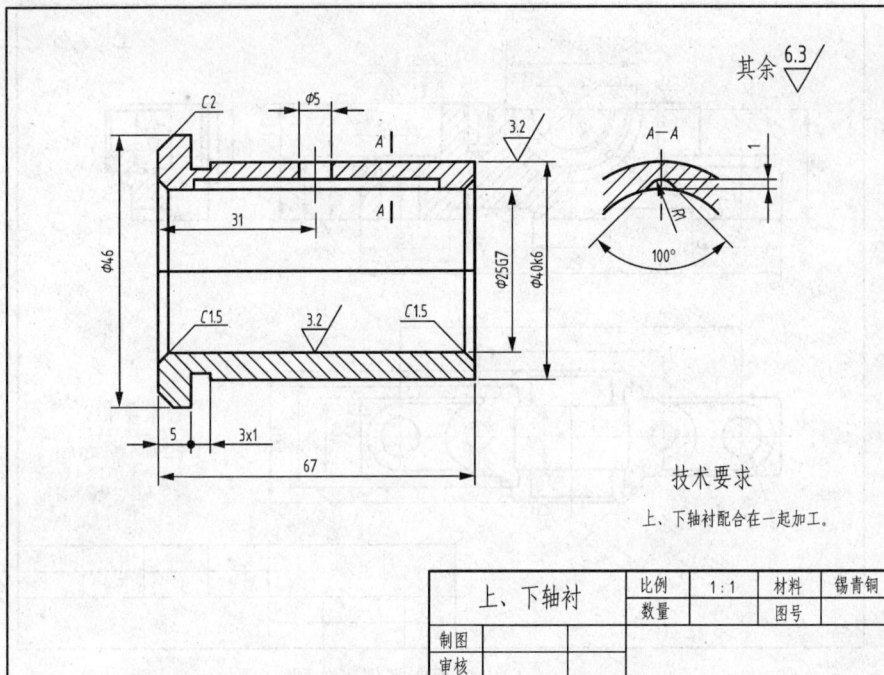

图 5-44 轴衬零件工作图

第六章 测绘报告书与答辩

第一节 测绘报告书

一、测绘报告书的要求

测绘报告书是以书面形式对部件测绘实训后的一次总结汇报。测绘报告书应统一格式,按上述部件测绘内容及顺序表述,要求文字简明通顺、论述清楚、书写整齐。报告书的格式参见表 6-1。

表 6-1 测绘报告书

测绘内容	专业班级	姓　名	学　号

二、测绘报告书的内容

报告书中应分析论述下列内容：

(1)说明部件的作用及工作原理；

(2)分析部件装配图表达方案的选择理由,并说明各视图的表达意义；

(3)说明部件各零件的装配关系以及各种配合尺寸的表达含意,主要零件结构形状的分析,零件之间的相对位置以及安装定位的形式；

(4)说明装配图技术要求的类型以及表达含意；

(5)装配图尺寸的种类,这些尺寸如何确定和标注；

(6)说明装配图的画图步骤；

(7)测绘实训的体会与总结。

第二节 答 辩

一、答辩的目的

答辩是测绘实训的最后一个环节,其目的是检查学生参与测绘实训后的效果,以及在测绘实训学习中了解和掌握的程度。通过答辩让学生展示自己的测绘作品,并且全面分析检查测绘作业的优缺点,总结在测绘实训中所获得的体会和经验,进一步巩固和提高在机械制图课程中学习培养起来的解决工程实际问题的能力。同时,答辩也是评定学生成绩的重要依据。

二、答辩前的准备

答辩前应对测绘实训学习过程作一次回顾与总结,结合测绘作业复习总结部件的作用与工作原理、零部件测绘方法与步骤、视图表达方案的选择与画图步骤、零部件技术要求和尺寸的选择、测量工具及其使用方法等,并写好测绘报告书。发有答辩复习题的学生应认真复习答辩题目。

三、答辩方式

答辩方式有以下几种：

(1)学生展示测绘作业,分析论述测绘部件的作用与工作原理；主要零件的视图、装配图视图是如何选择的,各视图重点表达的内容；各零件之间的装配关系以及配合尺寸的选择与表达含意；技术要求是如何选择的以及表达含意；尺寸的类型、基准的选择与标注方法。主要的就是测绘报告书所分析论述的内容。

(2)学生现场抽二至三个答辩题,根据题目回答问题。

(3)根据情况由教师随机提出问题要求回答。

四、答辩参考题

1. 齿轮油泵题目

(1)说明齿轮油泵的作用与工作原理。

(2)说明齿轮油泵的拆卸顺序。

(3)齿轮油泵装配图采用了哪些表达方法？说明各视图的表达意义。

(4)齿轮油泵泵盖与泵座是靠什么联接和定位的？并说出该联接件和定位件的标准尺寸。

(5)说明齿轮油泵中的齿轮是什么类型的齿轮？齿数、模数是多少？两齿轮中心距是多少？

(6)齿轮油泵透气装置有几个零件组成？说明它的工作原理。

(7)齿轮油泵采用哪几种密封装置？采用什么材料？

(8)轴与齿轮的配合尺寸有哪些？并说明配合意义。

(9)两齿轮齿顶圆与泵体的配合尺寸是多少？并说明配合意义。

(10)主动轴上有几个零件与其装配在一起？说出装配联接关系。

(11)说明齿轮油泵的总体尺寸、安装尺寸和工作性能尺寸。

2. 减速器题目

(1)说明减速器的作用与工作原理。

(2)减速器装配图采用了哪些表达方法？并说明各视图的表达意义。

(3)说出机箱的作用与主要结构特点。

(4)说明主动轴上各零件的装配顺序和配合关系。

(5)减速器的机盖与机箱是怎样联接和定位的？说出联接件和定位件的结构尺寸。

(6)减速器采用了哪些密封结构？

(7)主动齿轮轴与滚动轴承配合关系如何？说明配合意义。

(8)减速器中的齿轮是什么类型齿轮？齿数、模数是多少？两齿轮齿数比是多少？

(9)从动轴与齿轮靠什么联接在一起，说出它的连接方式。

(10)说明减速器的总体尺寸、安装尺寸和工作性能尺寸。

3. 机用虎钳题目

(1)说明机用虎钳的作用与工作原理。

(2)机用虎钳装配图采用了哪些表达方法？说明各视图的表达意义。

(3)说明螺杆的结构特点和作用。

(4)说明活动钳身、方螺母、螺钉和螺杆的装配联接关系。

(5)连接护口板共有几个螺钉？说出螺钉标注代号的含意。

(6)标注 φ16H8/f8 是哪两个零件之间的配合,说出配合代号的含意。

(7)说明机用虎钳的拆卸顺序。

(8)说明螺杆沿轴向是怎样定位的？起定位作用的是由哪几个零件组成？

(9)说明机用虎钳的总体尺寸、安装尺寸和工作性能尺寸。

4.滑动轴承题目

(1)说明滑动轴承的作用与工作原理。

(2)说明滑动轴承表达方法是由哪几个视图组成以及各视图的表达意义。

(3)说明轴承盖与轴承座是怎样联接和定位的？

(4)上轴衬和下轴衬是怎样联接和定位的？

(5)说出螺柱各组成件的名称,两螺柱的中心定位尺寸是多少？

(6)说明滑动轴承装配图的总体尺寸、安装尺寸,哪一个是工作性能尺寸？

(7)说明销套是和哪两个零件配合？配合尺寸是多少？并说明配合代号的含意。

(8)说明滑动轴承的拆卸顺序。

(9)说明油杯是由哪几个零件组成,他的作用是什么？

附　　录

附表1　标准公差数值(摘自 GB/T 1800.3—1998)

基本尺寸(mm)		标准公差等级																	
		IT1	IT2	IT3	IT4	IT5	IT6	IT7	IT8	IT9	1T10	IT11	IT12	IT13	IT14	IT15	IT16	IT17	IT18
大于	至	μm											mm						
	3	0.8	1.2	2	3	4	6	10	14	25	40	60	0.1	0.14	0.25	0.4	0.6	1	1.4
3	6	1	1.5	2.5	4	5	.8	12	18	30	48	75	0.12	0.18	0.3	0.45	0.75	1.2	1.8
6	10	1	1.5	2.5	4	6	9	15	22	36	58	90	0.15	0.22	0.36	0.58	0.9	1.5	2.2
10	18	1.2	2	3	5	8	11	18	27	43	70	110	0.18	0.27	0.43	0.7	1.1	1.8	2.7
18	30	1.5	2.5	4	6	9	13	21	33	52	84	130	0.21	0.33	0.52	0.84	1.3	2.1	3.3
30	50	1.5	2.5	4	7	11	16	25	39	62	100	160	0.25	0.39	0.62	1	1.6	2.5	3.9
50	80	2	3	5	8	13	19	30	46	74	120	190	0.3	0.46	0.74	1.2	1.9	3	4.6
80	120	2.5	4	6	10	15	22	35	54	87	140	220	0.35	0.54	0.87	1.4	2.2	3.5	5.4
120	180	3.5	5	8	12	18	25	40	63	100	160	250	0.4	0.63	1	1.6	2.5	4	6.3
180	250	4.5	7	10	14	20	29	46	72	115	185	290	0.46	0.72	1.15	1.85	2.6	4.6	7.2
250	315	6	8	12	16	23	32	52	81	130	210	320	0.52	0.81	1.3	2.1	3.2	5.2	8.1
315	400	7	9	13	18	25	36	57	89	140	230	360	0.57	0.89	1.4	2.3	3.6	5.7	8.9
400	500	8	10	15	20	27	40	63	97	155	250	400	0.63	0.97	1.55	2.5	4	6.3	9.7
500	630	9	11	16	22	32	44	70	110	175	280	440	0.7	1.1	1.75	2.8	4.4	7	11
630	800	10	13	18	25	36	50	80	125	200	320	500	0.8	1.25	2	3.2	5	8	1.25
800	1000	11	15	21	28	40	56	90	140	230	360	560	0.9	1.4	2.3	3.6	5.6	9	14
1000	1250	13	18	24	33	47	66	105	165	260	420	660	1.05	1.65	2.6	4.2	6.6	10.5	16.5
1250	1600	15	21	29	39	55	78	125	195	310	500	780	1.25	1.95	3.1	5	7.8	12.5	19.5
1600	2000	18	25	35	46	65	92	150	230	370	600	920	1.5	2.3	3.7	6	9.2	15	23
2000	2500	22	30	41	55	78	110	175	280	440	700	1100	1.75	2.8	4.4	7	11	17.5	28
2500	3150	26	36	50	68	96	135	210	330	540	860	1350	2.1	3.3	5.4	8.6	13.5	21	33

注:1. 基本尺寸大于500mm 的 IT1 至 IT5 的标准公差数值为试行的。

　　2. 基本尺寸小于或等于 1mm 时,无 IT14 至 IT18。

基本尺寸 (mm)		上偏差 es 所有标准公差等级												基本偏 j		
大于	至	a	b	c	cd	d	e	ef	f	fg	g	h	js	IT5和IT6	IT7	IT8
	3	−270	−140	−60	−34	−20	−14	−10	−6	−4	−2	0		−2	−4	−6
3	6	−270	−140	−70	−46	−30	−20	−14	−8	−6	−4	0		−2	−4	
6	10	−280	−150	−80	−56	−40	−25	−18	−13	−8	−5	0		−2	−5	
10	14	−290	−150	−95		−50	−32		−16		−6	0		−3	−6	
14	18															
18	24	−300	−160	−110		−65	−40		−20		−7	0		−4	−8	
24	30															
30	40	−310	−170	−120		−80	−50		−25		−9	0		−5	−10	
40	50	−320	−180	−130												
50	65	−340	−190	−140		−100	−60		−30		−10	0		−7	−12	
65	80	−360	−200	−150												
80	100	−380	−220	−170		−120	−72		−36		−12	0		−9	−15	
100	120	−410	−240	−180												
120	140	−460	−260	−200												
140	160	−520	−280	−210		−145	−85		−43		−14	0		−11	−18	
160	180	−580	−310	−230												
180	200	−660	−340	−240												
200	225	−740	−380	−260		−170	−100		−50		−15	0		−13	−21	
225	250	−820	−420	−280												
250	280	−920	−480	−300		−190	−110		−56		−17	0		−16	−26	
280	315	−1050	−540	−330												
315	355	−1200	−600	−360		−210	−125		−62		−18	0		−18	−28	
355	400	−1350	−680	−400												
400	450	−1500	−760	−400		−230	−135		−68		−20	0		−20	−32	
450	500	−1650	−840	−480												
500	560					−260	−145		−76		−22	0				
560	630															
630	710					−290	−160		−80		−24	0				
710	800															
800	900					−320	−170		−86		−26	0				
900	1000															
1000	1120					−350	−195		−98		−28	0				
1120	1250															
1250	1400					−350	−195		−110		−30	0				
1400	1600															
1600	1800					−430	−240		−120		−32	0				
1800	2000															
2000	2240					−480	−260		−130		−32	0				
2240	2500															
2500	2800					−520	−290		−145		−38	0				
2800	3150															

js 列: 偏差＝±(ITn)/2,其中 ITn 是 IT 值数

注:1. 基本尺寸小于或等于 1mm 时,基本偏差 a 和 b 均不采用。

2. 公差带 js7 至 js11,若 ITn 值数是奇数,则取偏差＝±(ITn−1)/2。

差 数 值

下 偏 差 ei

| IT4 至 IT7 | ≤IT3 >IT7 | 所有标准公差等级 | | | | | | | | | | | | | |
k	k	m	n	p	r	s	t	u	v	x	y	z	za	zb	zc
0	0	+2	+4	+6	+10	+14		+18		+20		+26	+32	+40	+60
+1	0	+4	+8	+12	+15	+19		+23		+28		+35	+42	+50	+80
+1	0	+6	+10	+15	+19	+23		+28		+34		+42	+52	+67	+97
+1	0	+7	+12	+18	+23	+28		+33		+40		+50	+64	+90	+130
									+39	+45		+60	+77	+108	+150
+2	0	+8	+15	+22	+28	+35		+41	+47	+54	+63	+73	+98	+136	+188
							+41	+48	+55	+64	+75	+88	+118	+160	+218
+2	0	+9	+17	+26	+34	+43	+48	+60	+68	+80	+94	+112	+148	+200	+274
							+54	+70	+81	+97	+114	+136	+180	+242	+325
+2	0	+11	+20	+32	+41	+53	+66	+87	+102	+122	+144	+172	+226	+300	+405
					+43	+59	+75	+102	+120	+146	+174	+210	+274	+360	+480
+3	0	+13	+23	+37	+51	+71	+91	+124	+146	+178	+214	+258	+335	+445	+585
					+54	+79	+104	+144	+172	+210	+254	+310	+400	+525	+690
+3	0	+15	+27	+43	+63	+92	+122	+170	+202	+248	+300	+365	+470	+620	+800
					+65	+100	+134	+190	+228	+280	+340	+415	+535	+700	+900
					+68	+108	+146	+210	+252	+310	+380	+465	+600	+780	+1000
+4	0	+17	+31	+50	+77	+122	+166	+236	+284	+350	+425	+520	+670	+880	+1150
					+80	+130	+180	+258	+310	+385	+470	+575	+740	+960	+1250
					+84	+140	+196	+284	+340	+425	+520	+640	+820	+1050	+1350
+4	0	+20	+34	+56	+94	+158	+218	+315	+385	+475	+580	+710	+920	+1200	+1550
					+98	+170	+240	+350	+425	+525	+650	+790	+1000	+1300	+1700
+4	0	+21	+37	+62	+108	+190	+268	+390	+475	+590	+730	+900	+1150	+1500	+1900
					+114	+208	+294	+435	+532	+660	+820	+1000	+1300	+1650	+2100
+5	0	+23	+40	+68	+126	+232	+330	+490	+595	+740	+920	+1100	+1450	+1850	+2400
					+132	+252	+360	+540	+660	+820	+1000	+1250	+1600	+2100	+2600
0	0	+26	+44	+78	+150	+280	+400	+600							
					+155	+310	+450	+660							
0	0	+30	+50	+88	+175	+340	+500	+740							
					+185	+380	+560	+840							
0	0	+34	+56	+100	+210	+430	+620	+940							
					+220	+470	+680	+1050							
0	0	+40	+66	+120	+250	+520	+780	+1150							
					+260	+580	+840	+1300							
0	0	+48	+78	+140	+300	+640	+960	+1450							
					+330	+720	+1050	+1600							
0	0	+58	+92	+170	+370	+820	+1200	+1850							
					+400	+920	+1350	+2000							
0	0	+68	+110	+195	+440	+1000	+1500	+2300							
					+460	+1100	+1650	+2500							
0	0	+76	+135	+240	+550	+1250	+1900	+2900							
					+580	+1400	+2100	+3200							

基本偏

基本尺寸(mm) 大于	至	A	B	C	CD	D	E	EF	F	FG	G	H	JS	J(IT6)	J(IT7)	J(IT8)	K(≤IT8)	K(>IT8)	M(≤IT8)	M(>IT8)
		所有标准公差等级（下偏差 EI）												IT6	IT7	IT8	≤IT8	>IT8	≤IT8	>IT8
	3	+270	+140	+60	+34	+20	+14	+10	+6	+4	+2	0		+2	+4	+6	0	0	-2	-2
3	6	+270	+140	+70	+46	+30	+20	+14	+10	+6	+4	0		+5	+6	+10	-1+Δ		-4+Δ	-4
6	10	+280	+150	+80	+56	+40	+25	+18	+13	+8	+5	0		+5	+8	+12	-1+Δ		-6+Δ	-6
10	14	+290	+150	+95		+50	+32		+16		+6	0		+6	+10	+15	-1+Δ		-7+Δ	-7
14	18	+290	+150	+95		+50	+32		+16		+6	0		+6	+10	+15	-1+Δ		-7+Δ	-7
18	24	+300	+160	+110		+65	+40		+20		+7	0		+8	+12	+20	-2+Δ		-8+Δ	-8
24	30	+300	+160	+110		+65	+40		+20		+7	0		+8	+12	+20	-2+Δ		-8+Δ	-8
30	40	+310	+170	+120		+80	+50		+25		+9	0		+10	+14	+24	-2+Δ		-9+Δ	-9
40	50	+320	+180	+130		+80	+50		+25		+9	0		+10	+14	+24	-2+Δ		-9+Δ	-9
50	65	+340	+190	+140		+100	+60		+30		+10	0		+13	+18	+28	-2+Δ		-11+Δ	-11
65	80	+360	+200	+150		+100	+60		+30		+10	0		+13	+18	+28	-2+Δ		-11+Δ	-11
80	100	+380	+220	+170		+120	+72		+36		+12	0		+16	+22	+34	-3+Δ		-13+Δ	-13
100	120	+410	+240	+180		+120	+72		+36		+12	0		+16	+22	+34	-3+Δ		-13+Δ	-13
120	140	+460	+260	+200		+145	+85		+43		+14	0		+18	+26	+41	-3+Δ		-15+Δ	-15
140	160	+520	+280	+210		+145	+85		+43		+14	0		+18	+26	+41	-3+Δ		-15+Δ	-15
160	180	+580	+310	+230		+145	+85		+43		+14	0		+18	+26	+41	-3+Δ		-15+Δ	-15
180	200	+660	+340	+240		+170	+100		+50		+15	0		+22	+30	+47	-4+Δ		-17+Δ	-17
200	225	+740	+380	+260		+170	+100		+50		+15	0		+22	+30	+47	-4+Δ		-17+Δ	-17
225	250	+820	+420	+280		+170	+100		+50		+15	0		+22	+30	+47	-4+Δ		-17+Δ	-17
250	280	+920	+480	+300		+190	+110		+56		+17	0		+25	+36	+55	-4+Δ		-20+Δ	-20
280	315	+1050	+540	+330		+190	+110		+56		+17	0		+25	+36	+55	-4+Δ		-20+Δ	-20
315	355	+1200	+600	+360		+210	+125		+62		+18	0		+29	+39	+60	-4+Δ		-21+Δ	-21
355	400	+1350	+680	+400		+210	+125		+62		+18	0		+29	+39	+60	-4+Δ		-21+Δ	-21
400	450	+1500	+760	+440		+230	+135		+68		+20	0		+33	+43	+66	-5+Δ		-23+Δ	-23
450	500	+1650	+840	+480		+230	+135		+68		+20	0		+33	+43	+66	-5+Δ		-23+Δ	-23
500	560					+230	+145		+76		+22	0					0		26	
560	630					+230	+145		+76		+22	0					0		26	
630	710					+290	+160		+80		+24	0					0		30	
710	800					+290	+160		+80		+24	0					0		30	
800	900					+320	+170		+86		+26	0					0		34	
900	1000					+320	+170		+86		+26	0					0		34	
1000	1120					+350	+195		+98		+28	0					0		40	
1120	1250					+350	+195		+98		+28	0					0		40	
1250	1400					+390	+110		+110		+30	0					0		48	
1400	1600					+390	+110		+110		+30	0					0		48	
1600	1800					+430	+240		+120		+32	0					0		58	
1800	2000					+430	+240		+120		+32	0					0		58	
2000	2240					+480	+260		+130		+34	0					0		68	
2240	2500					+480	+260		+130		+34	0					0		68	
2500	2800					+520	+290		+145		+38	0					0		76	
2800	3150					+520	+290		+145		+38	0					0		76	

（JS 列）偏差 $=\pm(ITn)/2$，式中 ITn 是 IT 值数

注:1. 基本尺寸小于或等于1mm时,基本偏差 A 和 B 及大于 IT8 的 N 均不采用。

　　2. 公差带 JS 至 JS11,若 ITn 值数是奇数,则取偏差 $=\pm(ITn-1)/2$。

　　3. 对于小于或等于 IT8 的 K、M、N 和小于或等于 IT7 的 P 至 ZC,所需 Δ 值从表内右侧选取。例如:18mm 至 30mm 段的 K7;

　　4. 特殊情况:250mm 至 315mm 段的 M6,ES $=-9\mu m$(代替 $-11\mu m$)。

值(摘自 GB/T 1800.3—1998)　　　　　　　　　　　　　　　　　　　　　　　μm

差 数 值 ｜ Δ 值

上 偏 差 ES

| ≤IT8 | >IT8 | ≤IT7 | 标准公差等级大于IT7 | | | | | | | | | | | | 标准公差等级 | | | | | |
N	N	P至ZC	P	R	S	T	U	V	X	Y	Z	ZA	ZB	ZC	IT3	IT4	IT5	IT6	IT7	IT8
-4	-4	在大于IT7的相应数值上增加一个Δ值	-6	-10	-14		-18		-20		-26	-32	-40	-60	0	0	0	0	0	0
-8+Δ	0		-12	-15	-19		-23		-28		-35	-42	-50	-80	1	1.5	2	3	6	7
-10+Δ	0		-15	-19	-23		-28		-34		-42	-52	-67	-97	1	1.5	2	3	6	7
-12+Δ	0		-18	-23	-28		-33		-40		-50	-64	-90	-130	1	2	3	3	7	9
									-45		-60	-77	-108	-150						
-15+Δ	0		-22	-28	-35		-41		-54		-73	-98	-136	-188	1.5	2	3	4	8	12
						-41	-48	-55	-64	-75	-88	-118	-160	-218						
-17+Δ	0		-26	-35	-43	-48	-60	-68	-80	-94	-112	-148	-200	-274	1.5	3	4	5	9	14
						-54	-71	-81	-97	-114	-136	-180	-242	-325						
-20+Δ	0		-32	-43	-53	-66	-87	-102	-122	-144	-172	-226	-300	-405	2	3	5	6	11	16
				-53	-59	-75	-102	-120	-146	-174	-210	-274	-360	-480						
-23+Δ	0		-37	-59	-71	-91	-124	-146	-178	-214	-258	-335	-445	-585	2	4	5	7	13	19
				-71	-79	-104	-144	-172	-210	-254	-310	-400	-525	-690						
-27+Δ	0		-43	-79	-92	-122	-170	-202	-248	-300	-365	-470	-620	-800	3	4	6	7	15	23
				-92	-100	-134	-190	-228	-280	-340	-415	-535	-700	-900						
				-100	-108	-146	-210	-252	-310	-380	-465	-600	-780	-1000						
-31+Δ	0		-50	-122	-122	-166	-236	-284	-350	-425	-520	-670	-880	-1150	3	4	6	9	17	26
				-130	-130	-180	-258	-310	-385	-470	-575	-740	-960	-1250						
				-140	-140	-196	-284	-340	-425	-520	-640	-820	-1050	-1350						
-34+Δ	0		-56	-158	-158	-218	-315	-385	-475	-580	-710	-920	-1200	-1550	4	4	7	9	20	29
				-170	-170	-240	-350	-425	-525	-650	-790	-1000	-1300	-1700						
-37+Δ	0		-62	-190	-190	-268	-390	-475	-590	-730	-900	-1150	-1500	-1900	4	5	7	11	21	32
				-208	-208	-294	-435	-530	-660	-820	-100	-1300	-1650	-2100						
-40+Δ	0		-68	-232	-232	-330	-490	-595	-740	-920	-1100	-1450	-1850	-2400	5	5	7	13	23	34
				-252	-252	-360	-540	-660	-820	-1000	-1250	-1600	-2100	-2600						
44			-78	-150	-280	-400	-600													
				-155	-310	-450	-660													
50			-88	-175	-340	-500	-740													
				-185	-380	-560	-840													
56			-100	-210	-430	-620	-940													
				-220	-470	-680	-1050													
65			-120	-250	-520	-780	-1150													
				-260	-580	-810	-1300													
78			-140	-300	-640	-960	-1450													
				-330	-720	-1050	-1600													
92			-170	-370	-820	-1200	-1850													
				-400	-920	-1350	-2000													
110			-195	-440	-1000	-1500	-2300													
				-460	-1100	-1650	-2500													
135			-240	-550	-1250	-1900	-2900													
				-580	-1400	-2100	-3200													

Δ=8μm,所以 ES=−2+8μm；18mm 至 30mm 段的 S6：Δ=4μm,所以 ES=−35+4=−31μm。

附表4　优先配合中轴的极限偏差(摘自 GB/T 1800.4—1999)　　μm

基本尺寸(mm) 大于	至	公差带 c11	d9	f7	g6	h6	h7	h9	h11	k6	n6	p6	s6	u6
	3	-60/-120	20/-45	-6/-16	-2/-8	-0/-6	-0/-10	0/-25	0/-60	6/+0	+10/+4	+12/+6	+20/+14	+24/+18
3	6	-70/145	-30/-60	-10/-22	-4/-12	-0/-8	-0/-12	0/-30	0/-75	+9/+1	+16/+8	+20/+12	+27/+19	+31/+23
6	10	-180/-170	-40/-76	-13/-28	-5/-14	-0/-9	-0/-15	0/-36	0/-90	+10/+1	+19/+10	+24/+15	+32/+23	+37/+28
10	14	-95/-205	-50/-93	-16/-34	-6/-17	-0/-11	0/-18	0/-43	0/-110	+12/+1	+23/+12	+29/+18	+39/+28	+44/+33
14	18	-95/-205	-50/-93	-16/-34	-6/-17	-0/-11	0/-18	0/-43	0/-110	+12/+1	+23/+12	+29/+18	+39/+28	+44/+33
18	24	-110/-240	-65/-117	-20/-41	-7/-20	-0/-13	0/-21	0/-52	0/-130	+15/+2	+28/+15	+35/+22	+48/+35	+54/+41
24	30	-110/-240	-65/-117	-20/-41	-7/-20	-0/-13	0/-21	0/-52	0/-130	+15/+2	+28/+15	+35/+22	+48/+35	+61/+48
30	40	-120/-280	-80/-142	-25/-50	-9/-25	-0/-16	0/-25	0/-62	0/-160	+18/+2	+33/+17	+42/+26	+59/+43	+76/+60
40	50	-130/290	-80/-142	-25/-50	-9/-25	-0/-16	0/-25	0/-62	0/-160	+18/+2	+33/+17	+42/+26	+59/+43	+86/+70
50	65	-140/-330	-100/-174	-30/-60	-10/-29	-0/-19	0/-30	0/-74	0/-190	+21/+2	+39/+20	+51/+32	+72/+53	+106/+87
65	80	-150/-340	-100/-174	-30/-60	-10/-29	-0/-19	0/-30	0/-74	0/-190	+21/+2	+39/+20	+51/+32	+78/+59	+121/+102
80	100	-170/-390	-120/-207	-36/-71	-12/-34	-0/-22	0/-35	0/-87	0/-220	+25/+3	+45/+23	+59/+37	+93/+71	+146/+124
100	120	-180/-400	-120/-207	-36/-71	-12/-34	-0/-22	0/-35	0/-87	0/-220	+25/+3	+45/+23	+59/+37	+101/+79	+166/+144
120	140	-200/-450	-145/-245	-43/-83	-14/-39	-0/-25	0/-40	0/-100	0/-250	+28/+3	+52/+27	+68/+43	+117/+92	+195/+170
140	160	-210/-460	-145/-245	-43/-83	-14/-39	-0/-25	0/-40	0/-100	0/-250	+28/+3	+52/+27	+68/+43	+125/+100	+215/+190
160	180	-230/-480	-145/-245	-43/-83	-14/-39	-0/-25	0/-40	0/-100	0/-250	+28/+3	+52/+27	+68/+43	+133/+108	+235/+210
180	200	-240/-530	-170/-285	-50/-96	-15/-44	-0/-29	0/-46	0/-115	0/-290	+33/+4	+60/+31	+79/+50	+151/+122	+265/+236
200	225	-260/-440	-170/-285	-50/-96	-15/-44	-0/-29	0/-46	0/-115	0/-290	+33/+4	+60/+31	+79/+50	+159/+130	+287/+258
225	250	-280/-570	-170/-285	-50/-96	-15/-44	-0/-29	0/-46	0/-115	0/-290	+33/+4	+60/+31	+79/+50	+169/+140	+313/+284
250	280	-300/-620	-190/-320	-56/-108	-17/-49	-0/-32	0/-52	0/-130	0/-320	+36/+4	+66/+34	+88/+56	+190/+158	+347/+315
280	315	-330/-650	-190/-320	-56/-108	-17/-49	-0/-32	0/-52	0/-130	0/-320	+36/+4	+66/+34	+88/+56	+202/+170	+382/+350
315	355	-360/-720	-210/-350	-62/-119	-18/-54	-0/-36	0/-57	0/-140	0/-360	+40/+4	+73/+37	+98/+62	+226/+190	+426/+390
355	400	-400/-760	-210/-350	-62/-119	-18/-54	-0/-36	0/-57	0/-140	0/-360	+40/+4	+73/+37	+98/+62	+244/+208	+471/+435
400	450	-440/-840	-230/-385	-68/-131	-20/-60	-0/-40	0/-63	0/-155	0/-400	+45/+5	+80/+40	+108/+68	+272/+232	+530/+490
450	500	-480/-880	-230/-385	-68/-131	-20/-60	-0/-40	0/-63	0/-155	0/-400	+45/+5	+80/+40	+108/+68	+292/+252	+580/+540

附表5 优先配合中孔的极限偏差(摘自 GB/T 1800.4—1999) μm

基本尺寸 (mm) 大于	至	公差带 C 11	D 9	F 8	G 7	H 7	H 8	H 9	H 11	K 7	N 7	P 7	S 7	U 7
	3	120 +60	+45 +20	+20 +6	+12 +2	10 0	+14 0	+25 0	+60 0	0 -10	4 -14	-6 -16	-14 -24	-18 -28
3	6	+145 +70	+60 +30	+28 +10	+16 +4	+12 0	+18 0	+30 0	+75 0	+3 -9	-4 -16	-8 -20	-15 -27	-19 -31
6	10	+170 +80	+76 +40	+35 +13	+20 +5	+15 0	+22 0	+36 0	+90 0	+5 -10	-4 -19	-9 -24	-17 -32	-22 -37
10	14	+205 +95	+93 +50	+43 +16	+24 +6	+18 0	+27 0	+43 0	+110 0	+6 -12	-5 -23	-11 -29	-21 -39	-26
14	18													-44
18	24	+240 +110	+117 +65	+53 +20	+28 +7	+21 0	+33 0	+52 0	+130 0	+6 -15	-7 -28	-14 -35	-27 -48	-33 -54
24	30													-40 -61
30	40	+280 +120	+142 +80	+64 +25	+34 +9	+25 0	+39 0	+62 0	+160 0	+7 -18	-8 -33	-17 -42	-34 -59	-51 -76
40	50	+290 +130												-61 -86
50	65	+330 +140	+174 +100	+76 +30	+40 +10	+30 0	+46 0	+74 0	+190 0	+9 -21	-9 -39	-21 -51	-42 -72	-76 -106
65	80	+340 +150											-48 -78	-91 -121
80	100	+390 +170	+207 +120	+90 +36	+47 +12	+35 0	+54 0	+87 0	+220 0	+10 -25	-10 -45	-24 -59	-58 -93	-111 -146
100	120	+400 +180											-66 -101	-131 -166
120	140	+450 +200	+245 +145	+106 +43	+54 +14	+40 0	+63 0	+100 0	+250 0	+12 -28	-12 -52	-28 -68	-77 -117	-155 -195
140	160	+460 +210											-85 -125	-175 -215
160	180	+480 +230											-93 -133	-195 -235
180	200	+530 +240	+285 +170	+122 +50	+61 +15	+46 0	+72 0	+115 0	+290 0	+13 -33	-14 -60	-33 -79	-105 -151	-219 -265
200	225	+550 +260											-113 -159	-241 -287
225	250	+570 +280											-123 -169	-267 -313
250	280	+620 +300	+320 +190	+137 +56	+69 +17	+52 0	+81 0	+130 0	+320 0	+16 -36	-14 -66	-36 -88	-138 -190	-295 -347
280	315	+650 +330											-150 -202	-330 -382
315	355	+720 +360	+350 +210	+151 +62	+75 +18	+57 0	+89 0	+140 0	+360 0	+17 -40	-16 -73	-41 -98	-169 -226	-369 -426
355	400	+760 +400											-187 -244	-414 -471
400	450	+840 +440	+385 +230	+165 +68	+83 +20	+63 0	+97 0	+155 0	+400 0	+18 -45	-17 -80	-45 -108	-209 -272	-467 -530
450	500	+880 +480											-229 -292	-517 -580

附表6　公差等级的应用

应用	公差等级(IT)																			
	01	0	1	2	3	4	5	6	7	8	9	10	11	12	13	14	15	16	17	18
量块	■	■	■																	
量规		■	■	■	■	■	■	■	■											
配合尺寸							■	■	■	■	■	■	■	■	■					
特别精密零件的配合				■	■	■	■	■	■											
非配合尺寸（大制造公差）														■	■	■	■	■	■	■
原材料公差										■	■	■	■	■	■	■				

附表7　公差等级的应用举例

公差等级	应用条件说明	应用举例
IT01	用于特别精密的尺寸传递基准	特别精密的标准量块
IT0	用于特别精密的尺寸传递基准及宇航中特别重要的个别精密配合尺寸	特别精密的际准量块；个别特别重要的精密机械零件尺寸。校对检验 IT6 级轴用量规的校对量规
IT1	用于精密的尺寸传递基准、高精密测量工具、特别重要的极个别精密配合尺寸	高精密标准量规；校对险验 IT7 至 IT9 级轴用量规的校对量规；个别特别重要的精密机械零件尺寸
IT2	用于高精密的测量工具、特别重要的精密配合尺寸	检验 IT6 至 IT7 级工件用量规的尺寸制造公差，校对检验 IT8 至 IT11 级轴用量规的校对量规；个别特别重要的精密机械零件的尺寸
IT3	用于精密测量工具、小尺寸零件的高精度的精密配合及与 C 级滚动轴承配合的轴径和外壳孔径	检验 IT9 至 IT11 级工件用量规和校对检验 IT9 至 IT13 级轴用量规的校对量规；与特别精密的 C 级滚动轴承内环孔(直径至 100mm)相配合的机床主轴、精密机械和高速机械的轴径；与 C 级向心球轴承外环外径相配合的外壳孔径；航空工业及航海工业中导航仪器上特别精密的个别小尺寸零件的精密配合
IT4	用于精密测量工具、高精度的精密配合和 C 级、D 级滚动轴承配合的轴径和外壳孔径	检验 IT9 至 IT12 级工件用量规和校对 IT12 至 IT14 级轴用量规的校对量规；与 C 级轴承孔(孔径大于 100mm 时)及与 D 级轴承孔相配合的机床主轴、精密机械及高速机械的轴径；与 C 级轴承相配的机床外壳孔；柴油机活塞销及活塞销座孔径；高精度(1 级至 4 级)齿轮的基准孔或轴径；航空及航海工业用仪器中特殊精密的孔径

公差等级	应用条件说明	应用举例
IT5	用于机床、发动机和仪表中特别重要的配合，在配合公差要求很小，形状精度要求很高的条件下，这类公差等级能使配合性质比较稳定，它对加工要求较高，一般机械制造中较少应用	检验IT11至IT14级工件用量规和校对IT14至1T15级轴用量规的校对量规；与D级滚动轴承相配合的机床箱体孔；与E级滚动轴承孔相配合的机床主轴，精密机械及高速机械的轴径；机床尾架套筒，高精度分度盘轴径；分度头主轴、精密丝杆基准轴径；高精度镗套的外径等；发动机中主轴的外径，活塞销外径与活塞的配合；精密仪器中轴与各种传动件轴承的配合；航空、航海工业中，仪表中重要的精密孔的配合；5级精度齿轮的基准孔及5级、6级精度齿轮的基准轴
IT6	广泛用于机械制造中的重要配合，配合表面有较高均匀性的要求，能保证相当高的配合性质，使用可靠	检验IT12至IT15级工件用量规和校对IT15至IT16级轴用量规的校对量规；与E级滚动轴承相配合的外壳孔及与滚子轴承相配合的机床主轴轴径；机床制造中，装配式青铜蜗轮、轮壳外径安装齿轮、蜗轮、联轴器、皮带轮、凸轮的轴径；机床丝杆支承轴径、矩形花键的定心直径、摇臂钻床的立柱等。机床夹具的导向件的外径尺寸；精密仪器、光学仪器、计量仪器中的精密轴；航空、航海仪器仪表中的精密轴；无线电工业、自动化仪表、电子仪器，如邮电机械中的特别重要的轴；手表中特别重要的轴；导航仪器中主罗经的方位体、微电机轴、电子计算机外围设备中的重要尺寸；医疗器械中牙科直车头中心齿轴及X线机齿轮箱的精密轴等；缝纫机中重要轴类尺寸；发动机中的汽缸套外径、曲轴主轴径、活塞销、连杆衬套、连杆和轴瓦外径等；6级精度齿轮的基准孔和7级、8级精度齿轮的基准轴径，以及特别精密（1级、2级精度）齿轮的顶圆直径
IT7	应用条件与IT6相类似，但它要求的精度可比IT6稍低一点，在一般机械制造业中应用相当普遍	检验IT14至IT16级工件用量规和校对IT16级轴用量规的校对量规；机床制造中装配式青铜蜗轮轮缘孔径、联轴器、皮带轮、凸轮等的孔径、机床卡盘座孔、摇臂钻床的摇臂孔、车床丝杆的轴承孔等；机床夹头导向件的内孔（如固定钻套、可换钻套、衬套、镗套等）；发动机中的连杆孔、活塞孔、铰制螺栓定位孔等；纺织机械中的重要零件；印染机械中要求较高的零件；精密仪器、光学仪器中精密配合的内孔；手表中的离合杆压簧等；导航仪器中主罗经壳底座孔、方位支架孔；医疗机械中牙科直车头中心齿轮轴的轴承孔及X线机齿轮箱的转盘孔；电子计算机、电子仪器仪表中的重要内孔；自动化仪表中的重要内孔；缝纫机中的重要轴内孔零件；邮电机械中的重要零件的内孔；7级、8级精度齿轮的基准孔和9级、10级精度齿轮的基准轴

公差等级	应用条件说明	应用举例
IT8	用于机械制造中属中等精度；在仪器、仪表及钟表制造中，由于基本尺寸较小，所以属较高精度范畴；在配合确定性要求不太高时，是应用较多的一个等级。尤其是在农业机械、纺织机械、印染机械、缝纫机、医疗器械中应用最广	检验IT16级工件用量规，轴承座衬套沿宽度方向的尺寸配合；手表中跨齿轴、棘爪拨针轮等与夹板的配合；无线电仪表工业中的一般配合；电子仪器仪表中较重要的内孔；计算机中变数齿轮孔和轴的配合。医疗器械中牙科车头钻头套的孔与车针柄部的配合；导航仪器中主罗经粗刻度盘孔月牙形支架与微电机汇电环孔等；电机制造中铁芯与机座的配合；发动机活塞油环槽宽、连杆轴瓦内径、低精度（9至12级精度）齿轮的基准孔和11至12级精度齿轮的基准轴，6至8级精度齿轮的顶圆
IT9	应用条件与IT8相类似，但要求精度低于IT8时用	机床制造中轴套外径与孔，操纵件与轴、空转皮带轮与轴、操纵系统的轴与轴承等的配合；纺织机械、印刷机械中的一般配合零件；发动机中机油泵体内孔、气门导管内孔、飞轮与飞轮套、圈衬套、混合气预热阀轴、汽缸盖孔径、活塞槽环的配合等；光学仪器、自动化仪表中的一般配合；手表中要求较高零件的未注公差尺寸的配合；单键连接中键宽配合尺寸；打字机中的运动件配合等
IT10	应用条件与IT9相类似，但要求精度低于IT9时用	电子仪器仪表中支架上的配合；导航仪器中绝缘衬套孔与汇电环衬套轴；打字机中铆合件的配合尺寸，闹钟机构中的中心管与前夹板；轴套与轴；手表中尺寸小于18mm时要求一般的未注公差尺寸及大于18mm要求较高的未注公差尺寸；发动机中油封挡圈孔与曲轴皮带轮毂
IT11	用于配合精度要求较粗糙，装配后可能有较大的间隙。特别适用于要求间隙较大，且有显著变动而不会引起危险的场合	机床上法兰盘止口与孔、滑块与滑移齿轮、凹槽等；农业机械、机车车厢部件及冲压加工的配合零件；钟表制造中不重要的零件，手表制造用的工具及设备中的未注公差尺寸；纺织机械中较粗糙的活动配合；印染机械中要求较低的配合；医疗器械中手术刀片的配合；磨床制造中的螺纹连接及粗糙的动连接；不作测量基准用的齿轮顶圆直径公差
IT12	配合精度要求很粗糙，装配后有很大的间隙，适用于基本上没有什么配合要求的场合；要求较高未注公差尺寸的极限偏差	非配合尺寸及工序间尺寸；发动机分离杆；手表制造中工艺装备的未注公差尺寸；计算机行业切削加工中未注公差尺寸的极限偏差；医疗器械中手术刀柄的配合；机床制造中扳手孔与扳手座的连接
IT13	应用条件与IT12相类似	非配合尺寸及工序间尺寸，计算机、打字机中切削加工零件及圆片孔、二孔中心距的未注公差尺寸

公差等级	应用条件说明	应用举例
IT14	用于非配合尺寸及不包括在尺寸链中的尺寸	在机床、汽车、拖拉机、冶金矿山、石油化工、电机、电器、仪器、仪表、造船、航空、医疗器械、钟表、自行车、缝纫机、造纸与纺织机械等工业中对切削加工零件未注公差尺寸的极限偏差，广泛应用此等级
IT15	用于非配合尺寸及不包括在尺寸链中的尺寸	冲压件、木摸铸造零件、重型机床制造，当尺寸大于3150mm 寸的未注公差尺寸
IT16	用于非配合尺寸及不包括在尺寸链中的尺寸	打字机中浇铸件尺寸；无线电制造中箱体外形尺寸；手术器械中的一般外形尺寸公差；压弯延伸加工用尺寸；纺织机械中木件尺寸公差；塑料零件尺寸公差；木模制造和自由锻造时用
IT17	用于非配合尺寸及不包括在尺寸链中的尺寸	塑料成型尺寸公差；手术器械中的一般外形尺寸公差
IT18	用于非配合尺寸及不包括在尺寸链中的尺寸	冷作、焊接尺寸用公差罩撖

附表 8 各种基本偏差的应用

配合	基本偏差	特点及应用实例
间隙配合	a(A) b(B)	可得到特别大的间隙，应用很少。主要用于工作时温度高、热变形大的零件的配合，如发动机中活塞与缸套的配合为 H9/a9
	c(C)	可得到很大的间隙，一般用于工作条件较差(如农业机械)、工作时受力变形大及装配工艺性不好的零件的配合。也适用于高温工作的间隙配合，如内燃机排气阀杆与导管的配合为 H8/c7
	d(D)	与 IT7~IT11 对应，适用于较松的间隙配合(如滑轮、空转的带轮与轴的配合)，大尺寸滑动轴承与轴径的配合(如涡轮机、球磨机等的滑动轴承)。活塞环与活塞槽的配合可用 H9/d9
	e(E)	与 IT6~IT9 对应，具有明显的间隙，用于大跨距及多支点的转轴与轴承的配合，高速、重载的大尺寸轴与轴承的配合，如大型电动机、内燃机的主要轴承处的配合为 H8/e7
	f(F)	多与 IT6~IT8 对应，用于一般转动的配合，受温度影响不大，采用普通润滑油的轴与滑动轴承的配合，如齿轮箱、小电动机、泵等的转轴与滑动轴承的配合为 H7/f6
	g(G)	多与 IT5、IT6、IT7 对应，形成配合的间隙较小，用于轻载精密装置中的转动配合，用于插销的定位配合，滑阀、连杆销等处的配合，钻套孔多用 G
	h(H)	多与 IT4~IT11 对应。广泛用于无相对转动的间隙配合、一般的定位配合。若没有温度、变形的影响也可用于精密滑动轴承，如车床尾座孔与顶尖套筒的配合为 H6/h5

配合	基本偏差	特点及应用实例
过渡配合	js(JS)	多用于 IT1～IT7 具有平均间隙的过渡配合，用于略有过盈的定位配合，如联轴节、齿圈与轮毂的配合，滚动轴承外圈与外壳孔的配合多用了 JS7，一般用手或木槌装配
	k(K)	多用于 IT4～TI7 平均间隙接近零的配合，用于定位配合。如滚动轴承的内、外圈分别与轴径、外壳孔的配合，用木槌装配
	m(M)	多用于 IT4～IT7 平均过盈较小的配合，用于精密定位的配合，如蜗轮的青铜轮缘勺轮毂的配合为 H7/m6
	n(N)	多用于 IT4～1T7 平均过盈较大的配合，很少形成间隙。用于加键传递较大转矩的配合，如冲床上齿轮与轴的配合，用槌子或压力机装配
过盈配合	p(P)	用于小过盈配合，与 H6 或 HT 的孔形成过盈配合，而与 H8 的孔形成过渡配合。碳钢和铸铁制零件形成的配合为标准压入配合，如绞车的绳轮与齿圈的配合为 H7/p6。合金钢制零件的配合需要小过盈时可用 p(或 P)
	r(R)	用于传递大转矩或受冲击负荷而需要加键的配合，如蜗轮与轴的配合为 H7/r6。H8/r8 配合在基本尺寸＜100mm 时，为过渡配合
	s(S)	用于钢和铸铁零件的永久性和半永久性结合，可产生相当大的结合力，如套环压的轴、阀座上用 H7/s6 配合
	t(T)	用于钢和铸铁制零件的永久性结合，不用键可传递扭矩，需用热套法或冷轴法装配。如联轴器与轴的配合为 H7/t6
	u(U)	用于大过盈配合，最大过盈需验算。用热套法进行装配，如火车轮毂和轴的配合为 H6/u5

附表 9　优先配合选用说明

优先配合		说　明
基孔制	基轴制	
$\dfrac{H11}{c11}$	$\dfrac{C11}{h11}$	间隙非常大，用于很松、转动很慢的动配合
$\dfrac{H9}{d9}$	$\dfrac{D9}{h9}$	间隙很大的自由转动配合，用于精度非主要要求时，或有大的温度变化，高转速或大的轴颈压力时
$\dfrac{H8}{f7}$	$\dfrac{F8}{h7}$	间隙不大的转动配合，用于中等转速与中等轴颈压力的精确转动，也用于装配较容易的中等定位配合
$\dfrac{H7}{g6}$	$\dfrac{G7}{h6}$	间隙很小的滑动配合，用于不希望自由转动，但可自由移动和滑动并精密定位时，也可用于要求明确的定位配合

优先配合		说　　明
基孔制	基轴制	
$\dfrac{H7}{h6}$	$\dfrac{H7}{h6}$	均为间隙定位配合,零件可自由装拆,而工作时,一般相对静止不动,在最大实体条件下的间隙为零,在最小实体条件下的间隙由公差等级决定
$\dfrac{H8}{h7}$	$\dfrac{H8}{h7}$	
$\dfrac{H9}{h9}$	$\dfrac{H9}{h9}$	
$\dfrac{H11}{c11}$	$\dfrac{H11}{c11}$	
$\dfrac{H7}{k6}$	$\dfrac{K7}{h6}$	过渡配合,用于精密定位
$\dfrac{H7}{n6}$	$\dfrac{N7}{h6}$	过渡配合,用于允许有较大过盈的更精密定位
$\dfrac{H7}{p6}$	$\dfrac{P7}{h6}$	过盈定位配合即小过盈配合,用于定位精度特别重要时。能以最好的定位精度达到部件的刚性及对中性要求
$\dfrac{H7}{s6}$	$\dfrac{S7}{h6}$	中等压入配合,适用于一般钢件或用于薄壁件的冷缩配合,用于铸铁件可得到最紧的配合
$\dfrac{H7}{u6}$	$\dfrac{U7}{h6}$	压入配合适用于可以承受高压入力的零件,或不宜承受大压入力的冷缩配合

附表 10　表面粗糙度的表面特征、加工方法及应用

表面微观特性		$R_a(\mu m)$	$R_z(\mu m)$	加工方法	应用举例
粗糙表面	微见刀痕	≤20	≤80	粗车、粗刨、粗铣、钻、毛锉、锯断	半成品粗加工过的表面、非配合的加工表面,如端面、倒角、钻孔、齿轮或带轮侧面、键槽底面、垫圈接触面等
半光表面	可见加工痕迹	≤10	≤40	车、刨、铣、镗、钻、粗铰	轴上不安装轴承、齿轮处的非配合表面;紧固件的自由装配表面,轴和孔的退刀槽等
	微见加工痕迹	≤5	≤20	车、刨、铣、镗、磨、拉、粗刮、滚压	半精加工表面,箱体、支架、盖面、套筒和其他零件结合而无配合要求的表面;需要发蓝的表面等
	看不清加工痕迹	≤2.5	≤10	车、刨、铣、镗、磨、拉、刮、滚压、铣齿	接近于精加工表面,箱体上安装轴承的镗孔表面,齿轮的工作面

	表面微观特性	$R_a(\mu m)$	$R_z(\mu m)$	加工方法	应用举例
光表面	可辨加工痕迹方向	≤1.25	≤6.3	车、镗、磨、拉、精铰、磨齿、滚压	圆柱销、圆锥销；与滚动轴承配合的表面；卧式车床导轨面；内、外花键定心表面等
	微辨加工痕迹方向	≤0.63	≤3.2	精铰、精镗、磨、滚压	要求配合性质稳定的配合表面；工作时受交变应力的重要零件；较高精度车床的导轨面
	不可辨加工痕迹方向	≤0.32	≤1.6	精磨、珩磨、研磨	精密机床主轴锥孔、顶尖圆锥面；发动机曲轴、凸轮轴工作表面；高精度齿轮齿面
极光表面	暗光泽面	≤0.16	≤0.8	精磨、研磨、普通抛光	精密机床主轴颈表面、一般量规工作表面；汽缸套内表面，活塞销表面等
	亮光泽面	≤0.08	≤0.4	超精磨、精抛光、镜面磨削	精密机床主轴颈表面、滚动轴承的滚珠、高压油泵中柱塞和柱塞配合的表面
	镜状光泽面	≤0.04	≤0.2		
	镜面	≤0.01	≤0.05	镜面磨削、超精研	高精度量仪、量块的工作表面；光学仪器中的金属镜面

附表 11　铸铁的种类、牌号和应用

种　类	牌　号	应　用
灰铸铁 GB/T 9439—1988	HT100	机床中受轻负荷、磨损无关重要的铸件,如托盘、盖、罩、手轮、把手、重锤等形状简单且性能要求不高的零件
	HT150	承受中等弯曲应力,摩擦面间压强高于 500kPa 的铸件,如多数机床的底座;有相对运动和磨损的零件,如溜板、工作台、汽车中的变速箱、排气管、进气管等
	HT200	承受较大弯曲应力,要求保持气密性的铸件,如机床立柱、刀架、齿轮箱体、多数机床床身滑板、箱体、液压缸、泵体、阀体、刹车毂、飞轮、气缸盖、带轮、轴承盖、叶轮等
	HT250	炼钢用轨道板、气缸套、齿轮、机床立柱、齿轮箱体、机床床身、磨床转体、液压缸泵体、阀体等
	HT300	承受高弯曲应力、拉应力,要求保持高度气密性的铸件,如重型机床床身、多轴机床主轴箱、卡盘齿轮、高压液压缸、泵体、阀体等
	HT350	轧钢滑板、辊子、炼焦柱塞、齿轮、支承轮座、挡轮座等

种 类	牌 号	应 用
球墨铸体 GB/T1348—1988	QT400—18	韧性高,低温性能较好,具有一定的耐蚀性。用于制作汽车拖拉机中的驱动桥壳体、离合器壳体、差速器壳体、减速器壳体,16~64 个大气压阀门的阀体、阀盖等
	QT400—15	
	QT450—10	具有中等的强度和韧性,用于制作内燃机中液压泵齿轮、汽轮机的中温气缸隔板、水轮机阀门体、机车车辆轴瓦等
	QT500—7	
	QT600—3	具有较高的强度、耐磨性及一定的韧性。用于制作部分机床的主轴,内燃机、空压机、冷冻机、制氧机和泵的曲轴、缸体、缸套等
	QT700—2	
	QT800—2	
	QT900—2	具有高强度,耐磨性、较高的弯曲疲劳强度。用于制作内燃机中的凸轮轴,拖拉机的减速齿轮,汽车中的螺旋锥齿轮等
可锻铸铁 GB/T9440—1988	KTH300—06	黑心可锻铸铁比灰铸铁强度高,塑性和韧性更好,可承受冲击和扭转负荷,具有良好的耐蚀性,切削性能良好。用于制作薄壁铸件,多用于机床零牛、运输机械零件、升降机械零件、管道配件、低压阀门等
	KTH350—10	
	KTZ450—06	珠光体可锻铸铁的塑性、韧性比黑心可锻铸铁稍差,但其强度高,耐磨性好,低温性能优于球墨铸铁,加工性良好。可替代有色合金、低合金钢及低、中碳钢制作较高强度和耐磨性的零件
	KTZ550—04	
	KTZ650—02	
	KTZ700—02	
	KTB400—05	白心可锻铸铁由于工艺复杂,生产周期长,性能较差,国内在机械工业中较少应用,一般仅限于薄壁件的制造
	KTB450—07	

附表 12　碳素结构钢的种类、牌号和应用

种 类	牌 号	应 用
铸造碳钢 GB/T 11352—1989	ZG200—400	低碳铸钢,韧性及塑性均好,们强度和硬度较低,低温冲击韧性大,脆性转变温度低,磁导、电导性能良好,焊接性好,但铸造性差。主要用于受力不大,但要求韧性的零件,ZG200—400 用于机座、电磁吸盘、变速箱体等;ZG230—450 用于轴承盖、底板、阀体、机座、侧架、轧钢机架、铁道车辆摇枕、箱体、犁柱、砧座等
	ZG230—450	
	ZG270—500	中碳铸钢,有一定的韧性及塑性,强度和硬度较高,切削性良好,焊接性尚可,铸造性能比低碳铸钢好。ZG270—500 应用广泛,如飞轮、车辆车钩、水压机工作缸、机架、蒸汽锤气缸、轴承座、连杆、箱体、曲拐等;ZG310—570 用于重负荷零件,如联轴器、大齿轮、缸体、气缸、机架、制动轮、轴及辊子等
	ZG310—570	
	ZG340—640	高碳铸钢,具有高强度、高硬度及高耐磨性,塑性、韧性低,铸造性、焊接性均差,裂纹敏感性较大。用于起重运输机齿轮、联轴器、齿轮、车轮、棘轮、叉头等

种 类	牌 号	应 用
碳素结构钢 GB/T 700—1988	Q195	有较高的延伸率,具有良好的焊接性能和韧性,常用于制造地脚螺栓、铆钉、犁板烟筒、炉撑、钢丝网屋面板、低碳钢丝、薄板、焊管、拉杆、短轴、心轴、凸轮(轻载)、吊钩、垫圈、支架及焊接件等
	Q215	
	Q235	有一定的延伸率和强度,韧性及铸造性均良好,且易于冲压及焊接。广泛用于制造一般机械零件,如连杆、拉杆、销轴、螺丝、钩子、套圈盖、螺母、螺栓、气缸、齿轮、支架、机架横撑、机架、焊接件,建筑结构桥梁等用的角钢、工字钢、槽钢、垫板、钢筋等
	Q255	焊接性能尚好,可用于制造强度不高的机械零件,如螺栓、键、楔、摇杆、拉杆心轴、转轴、钢结构用各种型钢、条钢及钢板等
	Q275	有较高的强度,一定的焊接性,切削加工性及塑性均较好,可用于制造较高强度要求的零件,如齿轮心轴、转轴、销轴、链轮、键、螺母、螺栓、垫圈、刹车杆、鱼尾板、农机用型钢、异型钢、机架、耙齿等
优质碳素结构钢 GB/T 699—1988	10	采用镦锻、弯曲、冷冲、垫压、拉延及焊接等多种加工方法,制作各种韧性高、负荷小的零件,如卡头、钢管垫片、垫圈、摩擦片、汽车车身、防尘罩、容器、缓冲器皿、搪瓷制品、冷镦螺栓、螺母等
	15	用于受载不大,韧性要求较高的零件,如渗碳件,冲模锻件、紧固件等;不需热处理的低负载零件,焊接性能较好的中小结构件,如螺栓、螺钉、法兰盘、化工容器、蒸汽锅炉、小轴、挡铁、齿轮、滚子等
	20	制作负载不大,但韧性要求高的零件,如拉杆、杠杆、钩环、套筒、夹具及衬垫、手刹车、蹄片、杠杆轴、变速叉、被动齿轮、气门挺杆、凸轮轴、悬挂平衡器、内外衬套等
	25	用于制作焊接构件以及经锻造、热冲压和切削加工,且负荷较小的零件,如辊子、轴、垫圈、螺栓、螺母、螺钉以及汽车和拖拉机中的横梁车架、大梁、脚踏板等
	35	用于制造负载较大,但截面尺寸较小的各种机械零们,如轴销、轴、曲轴、横梁、连杆、杠杆、星轮、轮圈、垫圈、圆盘、钩环、螺栓、螺钉、螺母等
	40	用于制造机器中的运动件,心部强度要求不高、表面耐磨性好的淬火零件及截面尺寸较小、负载较大的调质零件,应力不大的大型正火件,如传动轴心轴、曲轴、曲柄销、辊子、拉杆、连杆、活塞杆、齿轮、圆盘、链轮等
	45	适用于制造较高强度的运动零件,如空压机、泵的活塞、蒸汽透平机的叶轮,重型及通用机械中的轧制轴、连杆、蜗杆、齿条、齿轮、销子等

种　类	牌　号	应　用
优质碳素结构钢 GB/T 699—1988	50	主要用于制造动负荷、冲击载荷不大以及要求耐磨性好的机械零件，如锻造齿轮、轴、摩擦盘、机床主轴、发动机、曲轴、轧辊、拉杆、弹簧垫圈、不重要的弹簧等
	55	主要用于制造耐磨、强度较高的机械零件以及弹性零件，如连杆、齿轮、机车轮箍、轮缘、轮圈、轧辊、扁弹簧等
	30Mn	一般用于制造低负荷的各种零件，如杠杆、拉杆、小轴、刹车踏板、螺栓、螺钉和螺母以及农机中的钩环链的链环、刀片、横向刹车机齿轮等
	50Mn	一般用于制造高耐磨性、高应力的零件，如直径小于 80mm 的心轴、齿轮轴、齿轮摩擦盘、板弹簧等，高频淬火后还可制造火车轴、蜗杆、连杆及汽车曲轴等
	65Mn	用于制造中等负载的板弹簧、螺旋弹簧、弹簧垫圈、弹簧卡环、弹簧发条、轻型汽车的离合器弹簧、制动弹簧、气门弹簧以及受摩擦，高弹性、高强度的机械零件，如收割机的铲、犁、切碎机切刀、翻土板、整地机械圆盘、机床主轴、机床丝杠、弹簧卡头、钢韧轨等

附表 13　合金结构钢的种类、牌号和应用

种　类	牌　号	应　用
低合金结构钢 GB/T 1591—1988	12Mn	具有良好的焊接性、塑性和低温性能，冶炼工艺简单，成本低。用于制造低压锅炉、造船、容器、车辆以及金属结构等
	12MnV	其强度、韧性较 12Mn2 均有所提高。主要用于制作船舶、桥梁、车辆以及农机结构件、普通结构件等
	15MnV	用于制作高中压的石油化工容器、锅炉汽包、桥梁、船舶、起重机和较重负荷的焊接件、锅炉钢管以及载荷较大的连接构件
	15MnTi	可用于制作动负荷的焊接结构件，如水轮机涡壳、压力容器、船舶、桥梁、汽轮机、发电机弹簧板等
	15MnVN	强度高，塑性及韧性好。焊接性能和冷热加工性良好。适刚于制作大型船舶、机车车辆、中高压锅炉、容器、桥梁以及其他大型的焊接结构件
	16Mn	综合力学性能良好，低温冲击韧性、冷冲压和切削加工性、焊接性都好。广泛用于桥梁、船舶、管道、锅炉、大型容器、油罐、重型机械设备、矿山机器、电站、厂房结构等
	16MnNb	具有良好的焊接性、冷热加工性及低温冲击韧性，其性能优于 16Mn。适用于制作大型船舶、机车车辆、中高压锅炉、容器、桥梁以及其他大型的焊接结构件

种　类	牌　号	应　用
合金钢结构 GB/T 3077—1988	20Mn2	用于制造渗碳的小齿轮、小轴、力学性能要求不高的十字头销、活塞销、柴油机套筒、气门顶杆、变速齿轮操纵杆、钢套等
	20Cr	用于制造小截面、形状简单、较高转速、载荷较小、表面耐磨、心部强度较高的各种渗碳或氰化零件，如小齿轮、小轴、阀、活塞销、托盘、凸轮、蜗杆等
	20CrNi	用于制造重载大型重要的渗碳零件，如花键轴、轴、键、齿轮、活塞销，也可用于制造高冲击韧性的调质零件
	20CrMnTi	用于制造汽车拖拉机中的截面尺寸小于 30mm 的中载或重载、冲山、耐磨且高速的各种重要零件，如齿轮轴、齿圈、齿轮、十字轴、滑动轴承支撑的主轴、蜗杆等
	38CrMoAl	用于制造高疲劳强度、高耐磨性、较高强度的小尺寸氮化零件，如气缸套、座套、底盖、活塞螺栓、检验规、精密磨床主轴、车床主轴、搪杆、精密丝杆和齿轮、蜗杆等
	40Cr	制造中速、中载的调质零件，如机床齿轮、轴、蜗杆、花键轴、顶针套；制造表面高硬度耐磨的调质表面淬火零件，如主轴、曲轴、心轴、套筒、销子、连杆以及淬火回火后重载零件等
	40CrNi	用于制造锻造和冷冲压且截面尺寸较大的重要调质件，如连杆、圆盘、曲轴、齿轮、轴、螺钉等
	40MnB	用于制造拖拉机、汽车及其他通用机器设备中的中小重要调质零件，如汽车半轴、转向轴、花键轴、蜗杆和机床主轴、齿轮轴等
	50Cr	用于制造重载、耐磨的零件，如热轧辊传动轴、齿轮、止推环、支承辊的心轴、柴油机连杆、挺杆、拖拉机离合器、螺栓以及中等弹性的弹簧等
合金弹簧钢 GB/T 1222—1984	60Si2Mn	制造截面尺寸较大的弹簧，如车箱板簧、机车板簧、缓冲卷簧等
	50CrVA	主要用于制造截面大、受载大和工作温度较高的螺旋弹簧、阀门弹簧、小型汽车、载重车板簧、扭杆簧、低于 35℃ 的耐热弹簧等
不锈钢	2Cr13	制作能抗弱腐蚀性介质、能承受冲击载荷的零件，如汽轮机叶片、水压机阀、结构架、螺栓、螺母等
	1Cr18Ni9Ti	用于耐酸容器及设备衬里、输送管道等设备和零件，如抗磁仪表、医疗器械
不锈钢	GCr15	制造中小型滚动轴承元件（壁厚小于 20mm 的套圈，直径小 50mm 的钢球）及其他各种耐磨零件，如柴油机油泵、油嘴偶件等
	GCr15SiMn	制造大型、重载滚动轴承元件，如壁厚大于 30mm 的套圈，直径 50～100mm 的钢球等

附表 14 铸造铜合金钢、铸造铝合金钢和铸造轴承合金钢的种类、牌号及应用

合金种类		牌号(代号)	应 用
铸造铜合金 GB/T 1176—1987	锡青铜	ZCuSn5Pb5Zn5	在较高负荷、中等滑动速度下工作的耐磨、耐腐蚀零件,如轴瓦、衬套、缸套、活塞、离合器、泵件压盖以及蜗轮等
		ZCuSn10pb1	用于高负荷(20MPa 以下)和高滑动速度(8m/s)下工作的耐磨零件,如连杆、衬套、轴瓦、齿轮、蜗轮等
	铅青铜	ZCuPb10Sn10	表面压力高,又存在侧压力的滑动轴承,如轧辊、车辆用轴承、内燃机双金属轴瓦以及活塞销套、摩擦片等
		ZCuPb20Sn5	高滑动速度的轴承及破碎机、水泵、冷轧机轴承
	铝青铜	ZCuAl9Mn2	耐蚀、耐磨零件以及形状简单的大型铸件,如衬套、齿轮、蜗轮
		ZCuAl10Fe3	要求强度高、耐磨、耐蚀的重型铸件,如轴套、螺母、蜗轮以及在 250℃ 以下工作的管配件
	黄铜	ZCuZn38	一般结构件和耐蚀零件,如法兰、阀座、支架、手柄和螺母等
		ZCuZn25A6 —Fe3Mn3	适用高强度、耐磨零件,如桥梁支承板、螺母、螺杆、耐磨板、滑块和蜗轮
铸造铝合金 GB/T 1173—1986	铝硅 合金	ZAlSi7Mg (ZL101)	适于铸造承受中等负荷、形状复杂的零件,也可用于要求高气密性,耐蚀性和焊接性能良好、工作温度不超过 200℃ 的零件,如水泵、仪表、传动装置壳体、汽缸体、汽化器等
		ZAlSi5CulMg (ZL105)	用于铸造形状复杂、高静载荷的零件以及要求焊接性能良好,气密性高或工作温度在 225℃ 以下的零件,如发动机的汽缸体、汽缸头、汽缸盖和曲轴箱等
	铝铜 合金	ZAlCu5Mn (ZL201)	用于铸造工作温度为 175℃～300℃ 或室温下受高负荷、形状简单的零件,如支臂、挂架梁
		ZAlCu4 (ZL203)	用于铸造形状简单、承受中载、冲击负荷、工作温度不超过 200℃,切削性能良好的小型零件,如曲轴箱、支架、飞轮盖等
	铝镁 合金	ZAlMg10 (ZL301)	铸造工作温度不大于 200℃ 的海轮配件、机器壳和航空配件等
	铝锌 合金	ZAlZn11Si7 (ZL401)	铸造工作温度不大于 200℃ 的汽车配件、医疗器械和仪器零件等

合金种类		牌号(代号)	应　用
铸造轴承合金 GB/T 1174—1992	锡基	ZSnSbl2 Pb10Cu4	工作温度不高的一般机器的主轴承衬
		ZSnSb8Cu4	大型机器轴承及轴衬,高速重负荷汽车发动机薄壁双金属轴承
	铅基	ZPbSbl5Snl0	中等负荷的机器的轴承,还可作高温轴承之用
		ZPbSb10Sn6	耐磨、耐蚀、重负荷的轴承
	铜基	ZCuSn5Pb5Zn5	
		ZCuPb10Sn10	
	铝基	ZAlSn6Cu1Ni1	

附表 15　橡胶性能及应用

名　称	牌　号	主　要　用　途	说　明
耐油石棉橡胶板	NYZ50 HNY300	供航空发动机用的煤油、润滑油及冷气系统结合处的密封衬垫材料	有厚度(0.4～3.0)mm 十种规格
耐酸碱橡胶板	2707 2807 2709	具有耐酸碱性能,在温度−30℃～+60℃的20%浓度的酸碱液体中工作,用作冲制密封性能较好的垫圈	较高硬度 中等硬度
耐油橡胶板	3707 3807 3709 3809	可在一定温度的全损耗系统用油、变压器油、汽油等介质中工作,适用于冲制各种形状的垫圈	较高硬度
耐热橡胶板	4708 4808 4710	可在−30℃～+100℃且压力不大的条件下,于热空气、蒸汽介质中工作,用于冲制各种垫圈及隔热垫板	较高硬度 中等硬度

附表 16　工程塑料性能及应用

名　称	主　要　用　途
硬聚氯乙烯	可代替金属材料制成耐腐蚀设备与零件,可作灯座、插头、开关等
低压氯乙烯	可作一般结构件和减摩自润滑零件,并可作耐腐蚀零件和电器绝缘材料
改性有机玻璃	用作要求有一定强度的透明结构零件,如汽车用各种灯罩、电器零件等
聚丙烯	最轻的塑料之一,用作一般结构件、耐腐蚀零件和电工零件
ABS	用作一般结构或耐磨受力传动零件,如齿轮、轴承等
聚四氟乙烯	有极好的化学稳定性和润滑性,耐热.可作耐腐蚀化工设备与零件,减摩自润滑零件和电绝缘零件

热处理方法	解　释	应　用
退　火	退火是将钢件(或钢坯)加热到适当温度,保温一段时间,然后再缓慢地冷下来(一般用炉冷)	用来消除铸锻件的内应力和组织不均匀及晶粒粗大等现象。消除冷轧坯件的冷硬现象和内应力,降低硬度以便切削
正　火	正火是将坯件加热到相变点以上 $30℃\sim50℃$,保温一段时间,然后用空气冷却,冷却速度比退火快	用来处理低碳和中碳结构钢件及渗碳机件,使其组织细化增加强度与韧性。减少内应力,改善低碳钢的切削性能
淬　火	淬火是将钢件加热到相变点以上某一温度,保温一段时间,然后在水、盐水或油中(个别材料在空气中)急冷下来,使其得到高硬度	用来提高钢的硬度和强度,但淬火时会引起内应力使钢变脆,所以淬火后必须回火
表面淬火	表面淬火是使零件表面获得高硬度和耐磨性,而心部则保持塑性和韧性	对于各种在动负荷及摩擦条件下工作的齿轮、凸轮轴、曲轴及销子等,都要经过这种处理
高 频表面淬火	利用高频感应电流使钢件表面迅速加热,并立即喷水冷却,淬火表面具有高的机械性能,淬火时不易氧化及脱碳,变形小,淬火操作及淬火层易实现精确的电控与自动化,生产率高	表面淬火必须采用含碳量大于 0.35% 的钢,因为含碳量低淬火后增加硬度不大,一般都是些淬透性较低的碳钢及合金钢(如45,40Ct,40Mn2,9CrSi 等)
回　火	回火是将淬硬的钢件加热到相变点以下的某一种温度后,保温一定时间,然后在空气中或油中冷却下来	用来消除淬火后的脆性和内应力,提高钢的冲击韧性
调　质	淬火后高温回火,称为调质	用来使钢获得高的韧性和足够的强度,很多重要零件是经过调质处理的
渗　碳	渗碳是向钢表面层渗碳,一般渗碳温度 $900℃\sim930℃$,使低碳钢或低碳合金钢的表面含碳量增高到 0.8%~1.2%,经过适当热处理,表面层得到的高的硬度和耐磨性,提高疲劳强度	为了保证心部的高塑性和韧性,通常采用含碳量为 0.08%~0.25% 的低碳钢和低介金钢,如齿轮、凸轮及活塞销等
氮　化	氮化是向钢表面层渗氮,目前常用气体氮化法,即利用氨气加热时分解的活性氮原子渗入钢中	氮化后不再进行热处理,用于某种含铬、钼或铝的特种钢,以提高硬度和耐磨性,提高疲劳强度及抗蚀能力
氰　化	氰化是同时向钢表面渗碳及渗氮,常用液体碳化法处理,不仅比渗碳处理有较高硬度和耐磨性,而且兼有一定耐磨蚀和较高的抗疲劳能力。在工艺上比渗碳或氮化时间短	增加表面硬度、耐磨性、疲劳强度和耐蚀性。用于要求硬度高、耐磨的中小型及薄片零件和刀具等
发　黑 发　蓝	使钢的表面形成氧化膜的方法叫"发黑"、"发蓝"	钢铁的氧化处理(发黑、发蓝)可用来提高其表面抗腐蚀能力和使外表美观,但其抗腐蚀能力并不理想,一般只能用于空气干燥及密闭的场所

参 考 文 献

1. 钟丽萍主编. 机械基础实验实训指导书. 北京:北京大学出版社,2006

2. 李月琴等主编. 机械零部件测绘. 北京:中国电力出版社社,2007

3. 国家技术监督局. 中华人民共和国国家标准·技术制图与机械制图. 北京:中国
标准出版社,1996